永妻寛哲 著

最初からそう教えて
くれればいいのに！

Google Apps Scriptの
ツボとコツが
ゼッタイにわかる本

秀和システム

はじめに

　本書を手に取っていただきありがとうございます。この本を手にした方はおそらくGoogle Apps Scriptを使いこなして、仕事を「自動化」する「仕組み」をつくったりできれば……と考えているのではないでしょうか。

　Google Apps Script（GAS）を使いこなすためのツボとコツは、

「まずは使ってみてGASができることを把握すること」

です。

　Googleのサービスだけでなく外部サービスとも連携できて、業務の効率化や自動化ができるGASですが、簡単な上に無料で使えます。金銭的なリスクなく誰でも始められるので、とにかく使ってみることがGAS活用への近道といえます。

　本書はGASやプログラミングが初めての方でも、いきなりGASを活用できるように企画し執筆しました。GASやプログラミングを体系的に学ぶというよりも、誰でも挫折せずにGASを仕事で活用できることを重視しています。そのため、あえて基礎知識の解説は必要最低限に絞り、各サンプルスクリプトの準備や設定により多くのページを割り当てています。

　本書では9つの実践的なサンプルスクリプトを掲載しています。Gmail、Googleドライブ、Googleフォーム、Googleスプレッドシート、GoogleドキュメントといったGoogleのサービスの他に、ChatworkやSlackといったチャットツールと連携させて、初心者でもすぐにGASを利用できる方法を紹介します。

　本書に掲載している9つのサンプルスクリプトのほとんどは、これまで著者がIT化コンサルタントとして取引先企業に10万円以上で提供してきた実践的なスクリプトばかりです。もちろん10万円の中には個別カスタマイズや導入サポートなども含まれますが、もし本書のスクリプトをマスターして企業に提供すればそれくらいの売上になるということです。

これまでさまざまな企業のIT活用を進めてきましたが、IT化やDX（デジタルトランスフォーメーション）はなかなか進んでいないのが現状です。一方で、現場レベルで簡単なシステムを構築し、業務を効率化・自動化する環境が整いつつあるのも事実です。本書のスクリプトをスタートラインとして読者の方々が各々に仕事の効率化や自動化を行うことで、日本の生産性向上に少しでも貢献できれば嬉しいです。

なお、本書を使ってGASの活用ができた後で、もっとカスタマイズしたい、より体系的に学んでいきたいという方は、高橋宣成さんの「詳解！Google Apps Script完全入門［第2版］」に進むのがおすすめです。本書では省略した部分についてもわかりやすく網羅されていますので、本書のサンプルをより深く理解することにも役立つはずです。

本書の情報および画面イメージは2020年9月時点のものです。Google Apps ScriptおよびGoogleの各サービス、Chatwork、Slack等のアップデートや改変により変更となることがあります。変更になった内容については著者ブログやYouTubeなどでも情報発信を行っていく予定です。

永妻　寛哲

本書の情報および画面イメージは2020年9月時点のものです。

本書では、以下の環境で動作確認を行っています。
Windows 10 および macOS Catalina 10.15.7
Google Chrome 86.0

本書で紹介したサンプルスクリプトはインターネットでダウンロードすることができます。次のURLからダウンロードしてご利用ください。

https://life89.jp/gas/sample/

スクリプトのダウンロードページは秀和システムのホームページにある本書の詳細ページからもリンクされています。

秀和システム
https://www.shuwasystem.co.jp/

ファイルはZIP形式で圧縮されていますのでダウンロードしたら解凍してください。
※解凍時にパスワードを求められた場合は「gastsubo」と入力してください。

解凍すると、本書の各章ごとのフォルダにテキストファイルが格納されています。
使用するときは、該当のテキストファイルをお使いのテキストエディタで開いて全体をコピーし、Google Apps Scriptのスクリプトエディタの入力欄に貼り付けをしてください。

なお、本書内の記述に誤りが見つかった場合の正誤表や、GASに関する最新情報、解説動画など、本書読者向けにサポート情報を発信していく予定です。次のURLからご確認ください。

https://life89.jp/gas/

なお、本書およびサンプルスクリプトの利用により不具合や損害が生じた場合、著者および株式会社秀和システムは一切責任を負うことができません。あらかじめご了承の上、ご利用ください。

最初からそう教えてくれればいいのに！

Google Apps Scriptの ツボとコツが ゼッタイにわかる本

Contents

第3章　実用的なコードを書くための3つのポイント

第4章　GASからメールやメッセージを送る

Column 目次

第1章 いまGoogle Apps Scriptを始めるべき理由

Google Apps Scriptは初心者にもおすすめの言語です。本章では、その機能と特徴を紹介し、いま学び始めることのメリットをさまざまな角度から解説していきます。

1

Google Apps Scriptとは何か

Google Apps Script は、Google社が提供しているプログラミング言語です。頭文字をとってGAS（ガス）とも呼ばれます。

既にGmailやGoogleカレンダー、Googleドライブ、Googleスプレッドシートなどを使っている方も多いと思います。このようなGoogle社が提供するサービスをより便利にしたり、自動化したりできるのがGoogle Apps Scriptです。

Google以外の外部サービスでも連携できる

「Googleのサービスを使っていないなぁ」という方もいらっしゃると思います。そんな方でもGASが役に立つことがあるかもしれません。というのも、GASが扱えるのはGoogleのサービスだけではないのです。Google以外の外部のウェブサービスを連携させて、活用することが可能です。

最近では多くのクラウドサービスがWeb APIを公開しています。このWeb APIを利用してSlack、Chatwork、Salesforce、kintone、Twitter、LINEなど、数多くのサービスと連携できます。

例えば、Chatwork で送ったメッセージを GASで受け取り、解析した結果を Chatwork に返す問合せボットの仕組みも作れたりします（本書でもつくり方を紹介しています）。

1-2 いまGASを始めるべき理由

● リモートワークが増えている

コロナウイルスの感染が拡大し、企業ではリモートワークが一気に拡大しました。それまでリモートワークは一部の先進的な企業で導入されている程度でした。しかし、コロナウイルスの感染拡大を防ぐために一般の企業でもリモートワークが求められています。

リモートワークの利用にはITの力は欠かせません。紙だった文書は電子化され、会議はオンラインになり、データはクラウドに保存し、コミュニケーションにはチャットが使われるようになりました。

● さまざまなサービスがクラウド化している

オンライン○○やクラウド○○といった、オンライン上で利用できるツールやサービスの利用者は日々増加しています。いままでは企業内の制限されたネットワークで社内のサーバにファイルを保存していた仕事も、クラウドサービスを導入することでインターネットが繋がれば世界中のどこでも働ける環境を実現できます。

各社から提供されているさまざまなクラウドサービスはインターネットの世界で繋がっています。繋がっているということはとても素晴らしいことで、いままで会社に行かなければできなかった仕事を自宅でできる、さらにはインターネット上で提供されているサービス同士を連動させて自動実行する、ということも実現できる可能性があります。

そんな時代におすすめなのがGoogle Apps Scriptです。Excelをクラウド化したのがGoogleスプレッドシートとすると、GASはスプレッドシートのマクロやVBAといった立ち位置です。しかし、GASの利用範囲はGoogleスプレッドシートだけにとどまりません。Google以外のクラウドサービスからデータを取得したり実行したり、外部と連携してさまざまなことを実現可能にします（図1）。

1

図1　Google Apps Scriptの利用イメージ

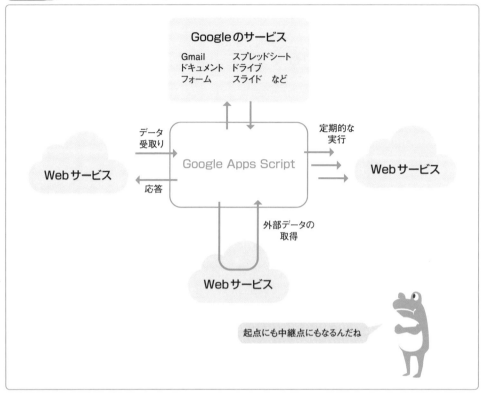

● 誰もがITを "DIY" できる時代がきた

　システム開発やプログラミングというと一昔前までは一部の開発者、プログラマーのものでした。しかし、GASのような初心者でも簡単に使えるサービスの登場により、プログラミングは誰でも使える身近なものになりつつあります。

　現場の業務改善といえば業務フローを見直したり配置を変えたりということがメインだったと思いますが、システム化や自動化のような、いままでシステム管理者や開発会社に依頼していた内容が現場でもできるようになってきています。

　現場作業者の方がサクッとプログラミングして気軽に業務効率化する、まさに自分の作業は自分でIT化するという「Do IT化 Yourself」の時代です。

● プログラミング知識がなくても使える GAS

GASは導入が簡単なので、プログラミングの知識がなくてもコードのコピー＆ペーストだけができれば使えます。プログラミングは詳しくないけどGASを使って仕事の効率化をしているという方は少なからずいらっしゃいます。

まずはGASを使ってみて、利便性を実感してから、プログラミングについて学ぶという順序でもいいですし、プログラミングのことはわからなくても、とにかく使えればいいという方にもGASは向いています。もちろん本書ではプログラミングするためのコツも紹介していますが、詳しいことがわからなくてもコードをコピー＆ペーストすればすぐ使えるサンプルをたくさん掲載しています。

● Google のアカウントだけあればいい

GASを使用するために必要なものはインターネットに繋がったパソコンとGoogleアカウントだけです。

スマートフォンでAndroidを使っている方はすでにGmailのメールアドレスをお持ちかもしれません。そのアカウントを使用できます。

まだアカウントを持っていない方もすぐに無料でつくれます。

いま Google Apps Script を始めるべき理由

1-3 プログラミング未経験者に GASが最適な３つの理由

プログラミングは必須スキルになる

2020年より小学校でプログラミング教育が必修化されるなど、プログラミング的思考は現在では誰もが身につけておくべきスキルになりつつあります。

GASはプログラミング未経験者や初心者の方にもおすすめです。その主なポイントは次の3つです。

・利用するまでのハードルが低い
・仕事で役立つ
・JavaScriptの知識が身につく

利用するまでのハードルが低い

GASは無料で使えて準備も簡単なので利用するまでのハードルがとても低いです。

一昔前までのプログラミングでは、最初にサーバを立てるなど、開発環境やテスト環境を整えるまでに結構な作業を要することが一般的でした。現在でも始める前に専用のアプリケーションのインストールが必要なプログラミング言語は多いです。

一方、GASであれば面倒な準備は不要です。サーバはGoogleが用意していますので、Googleドライブにアクセスすればすぐに利用できます。インターネットのブラウザだけで開発もテストも行えるので、誰でも簡単に始めることが可能です。

仕事で役立つ

GASはGoogleスプレッドシートのほか、Googleドライブ、Gmailなど仕事で使うサービスを取り扱うことができます。それだけではなく、「Web API」というインターネット上でデータのやりとりをする仕組みを提供する他のクラウドサービスとも連携ができます。

Web APIを提供するサービスは星の数ほどありますから、いま仕事で利用しているサービスもAPIを公開しているかもしれません。それらを組み合わせれば可能性は無限大に広がります。

GASは決まった時間に自動で実行するトリガーという機能があり、これを使うと処理を自動化することができます。いままで人力でやっていた仕事が勝手に終わります。1度設定すれば24時間365日、休むことなく処理を実行してくれますし、疲れることも不満を言うこともありません（笑）。面倒な作業はGASに任せて、人間はもっと価値の高い仕事に専念しましょう。

1

JavaScriptの知識が身につく

GASはJavaScriptをベースとしています。JavaScriptはウェブサイトを中心にさまざまな場面で利用され、人気のプログラミング言語ランキングでも常に上位に入ります。

すでにJavaScriptを触ったことのある方はすぐにGASを活用することができるでしょう。また、JavaScriptの経験やプログラミング自体の経験がない方でも問題ありません。JavaScriptは初心者にとっても、わかりやすく学習しやすい言語です。GASを学ぶことでJavaScriptの知識も身につくので一石二鳥ですね。

Column GASを身につけた先にある未来とは？

GASを身につけることで、まずは身近な業務から効率化や自動化が実現できるでしょう。こんなに便利なGASなのですが、Googleが提供している割に知名度が低いせいか、周りに使える人はほとんどいないと思います。

GASを使って無料で業務が効率化できた話はきっと社内で話題になり、他の部署からも依頼が入ったりします。GASで業務効率化することが仕事になります。このようなスキルを持った人材を求める企業は日本全国にたくさんあるので転職にも有利ですし、独立開業も目指せるかもしれません。

筆者は2017年に独立起業しました。ITや業務効率化のスキルを他の企業にも提供して日本の生産性を上げたいと思ったのが起業した理由です。実際に上場企業から中小企業までさまざまな企業でIT化・業務効率化のニーズがありました。本書に掲載しているようなGASを提案して、導入と運用を支援する仕事もあります。つまり、この本一冊あれば誰でも仕事ができます。

また、本書を読んだ後に、エンジニアを目指すのも良いと思います。先述のとおり、GASはJavaScriptがベースです。GASがわかっていればJavaScriptの学習も始めやすいですし、プログラミングの基本がわかっていれば、他のプログラミング言語を学ぶのにも良いでしょう。

本書でGASを始めたことで、人生が豊かになったり、日本の生産性が上がったりするきっかけとなれば嬉しいです。

いまGoogle Apps Scriptを始めるべき理由

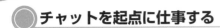

1-4 GASで新しいワークスタイルを実現しよう

チャットを起点に仕事する

ChatworkやSlackなど、ビジネスでもチャットツールが使われる時代になってきました。本書でもチャットツールの利用を前提としたサンプルを載せています。チャットにあらゆる情報を集めることで、チャットを起点とした仕事を実現できるからです。

現在はさまざまなクラウドサービスが乱立し、「業務毎にそれぞれ別のサービスへログインするのが大変」という声も聞かれます。しかし、チャット上にあらゆる情報が集まるようにすれば、チャットを確認するだけで仕事の状況を把握することが可能になります。スマートフォンさえあればいつでもどこでも状況を把握できるようになるのです。

メールの受信、今日のメンバーの予定、ファイルの追加・更新情報をチャットに通知するだけでなく、メールの添付ファイルをGoogleドライブに自動保存したり、知りたい情報をボットに聞いてみたりもできます。こういったことがGASとチャットツールの組み合わせで実現できます。

なお、上に挙げた例は、すべて本書のサンプルスクリプトを使って実現可能です。

GASを使って新しいワークスタイルを実現しましょう。

テレワークを選択できる環境をつくる

Google の使命は、「世界中の情報を整理し、世界中の人がアクセスできて使えるようにすること」です。GASに限らずGoogleが提供するサービスは、インターネット回線があれば世界中からアクセスできるようになっていますので、テレワークにとても適しています。

一昔前までは、社内サーバにあるExcelにアクセスして競合が発生したり編集がロックされたりということが度々ありましたが、Googleスプレッドシートでは複数のユーザが同時に開いて編集できます。もちろん、社内ネットワークに接続している必要もありません。

コロナウイルスの影響により働き方について見直す企業が増えています。Googleのサービスを活用することでテレワークを選択できる環境が整いますし、普段からGoogleのサービスを利用していることでGASを使うメリットがさらに広がることでしょう。

いまGoogle Apps Scriptを始めるべき理由

Column RPAと何が違うの？

　近年、日本で注目されているワードにRPA（Robotic Process Automation）があります。こちらも現場でできる業務効率化や自動化の手段です。大企業や銀行などが「〇千人分の作業を自動化」という記事をよく見かけます。

　RPAはパソコンにインストールされたアプリケーションの入力やクリックを自動化するのに向いています。社内でしか利用できないアプリケーションを使用するのに有効な手段です。
　また、RPAはプログラミングなしで利用できるものも多いので、プログラミングはしたくないという場合には有効な手段となるでしょう。
　一方で、一般にRPAはアプリケーションの提供会社にお金を支払って利用するもので、料金も数十万～数百万円となるため、気軽に利用するにはやや金銭的なハードルが高いかもしれません。

　GASは、無料で使えるので中小企業や個人の方でも導入しやすいです。また、一度設定してしまえばGoogleのサーバから実行されますので、専用PCを常に立ち上げておく必要もありません。Googleのアカウントを持っていれば誰でもずっと無料で使えます。
　GASはプログラミングが必要にはなるものの、コードはコピペでOKですし、プログラミング知識ゼロでもGASを使っている方はたくさんいます。

　プログラミングを避けたいという理由だけでGASを使わないのはもったいないです。知識ゼロでも使えるコードは本書のサンプルだけでなく、インターネット上にたくさん公開されています。
　何か業務を改善したいときは、まず「GASで（無料で）実現できないか」を考えつつ、RPAを含めたさまざまな選択肢の中から最適な手段を検討してみると良いでしょう。

いまGoogle Apps Scriptを始めるべき理由

第2章

GASの基礎知識と用語解説

最短でGoogle Apps Script
（GAS）を活用できるようになるた
めに、最低限必要な基礎知識と用語
をまとめました。本書を読み進めて
いく上で言葉の意味を忘れた際には
本章を参照してください。

2-1 スタンドアロン型とコンテナバインド型

● GASのスクリプトには2種類ある

GASは次の2つの種類があります。

・スタンドアロン型
・コンテナバインド型

スタンドアロン型は、GASが単体のGASファイルとして存在します。他のファイルと同じようにGoogleドライブ内に1つのファイルとして作成します。

コンテナバインド型は、GASが単体のファイルとしては存在せず、GoogleスプレッドシートやGoogleドキュメントなどのファイルに紐付けられて（バインドされて）います。Excelのマクロやマクロ VBAのようなイメージですね。作成するときは、スプレッドシートなどを先に作成し、作成したファイルのメニューから、「スクリプトエディタ」を開いて使用します。

例えば、GASをチャーハンだとしましょう。スタンドアロン型はチャーハン単品。コンテナバインド型はラーメンとチャーハンのセットです。単品もいいけど、ラーメンとセットにしても相性がいい。スプレッドシートなどを活用するGASをつくりたいなら、ラーメンチャーハンセットのコンテナバインド型にしましょう。

・スタンドアロン型…GASファイル単体で存在する（紐付けなし）
・コンテナバインド型…GASがDriveのファイル（スプレッドシートなど）に紐付いている

● スタンドアロン型とコンテナバインド型の使い分け

スタンドアロン型とコンテナバインド型をどのように使い分けるのか。1つのスプレッドシートのデータを利用したり、ドキュメントに機能を追加したりするならコンテナバインド型を使うのが簡単です。そういった特定のスプレッドシートやドキュメントなどに紐付ける必要がない（依存しない）場合はスタンドアロン型がよいでしょう。

2-2 スタンドアロン型GASの つくり方

● スタンドアロン型のGASをつくる

さっそくスタンドアロン型のGASから作成してみましょう。

まだGoogleのアカウントを持っていない方は次のURLからアカウントを作成してください。

● Googleアカウントの作成

https://www.google.com/accounts/NewAccount?hl=ja

Googleアカウントでログインしたら、次のURLからGoogleドライブを開きます。

● Googleドライブを開く

https://drive.google.com/

Googleドライブを開いたら、任意のフォルダで［新規］ボタンをクリックします（画面1）。

▼画面1 Googleドライブで左上の［新規］ボタンをクリック

Googleドライブで新しくファイルを作成するときは左上の「新規」ボタンを使うよ

［新規］ボタンをクリックすると、画面2のように表示されます。「その他」にカーソルを持って行くと右側にメニューが表示されます。メニューの中の「Google Apps Script」をクリックします。

▼**画面2　Google ドライブ**

「その他」にマウスカーソルを
重ねると、さらにメニューが
表示されるよ

Google Apps Scriptが作成されました（画面3）。

▼**画面3　スクリプトエディタ**

スクリプトエディタが開くよ

　スタンドアロン型GASは、スプレッドシートなどを作成するのと同じ方法で作成できます。とっても簡単ですね。

　これでスクリプトを作成して実行する環境が整いました。他の言語と比較すると環境の準備に必要な時間はとても短いです。

　実際にはここからスクリプトを作成していくのですが、本節ではスタンドアロン型の作成方法の説明だけにしますので、一旦ここでGASを閉じましょう。ブラウザのタブを閉じることで終了できます。

コンテナバインド型GASの つくり方

コンテナバインド型のGASをつくる

次にコンテナバインド型のGASを作成しましょう。

コンテナバインド型は、スプレッドシート、ドキュメント、スライド、フォームで利用できますが、スプレッドシートで利用することが多いです。スプレッドシートはセル毎に値の入出力ができるのでとてもデータを扱いやすく、簡単なデータベース代わりに利用できるため、GASととても相性がいいです。

ということで、ここではGoogleスプレッドシートから作成することにします。

まずはGoogleドライブを開きましょう。

画面1の左上の［新規］ボタンをクリックします。

▼**画面1 ［新規］ボタンをクリック**

新しいファイルを作成する時は
左上の新規ボタンだね

画面2のGoogleスプレッドシートをクリックして新規作成します。作成方法の選択メニューが表示された場合は、「空白のスプレッドシート」を選択します。

▼**画面2** 「Googleスプレッドシート」を選択

右側にある「>」にカーソルを持って行くと「空白のスプレッドシート」と「テンプレートから」を選択できるよ。
今回は「空白のスプレッドシート」で作成しよう。

　画面3のような「無題のスプレッドシート」が表示されます。この画面のメニューから「ツール」をクリックし、「スクリプト エディタ」をクリックします（画面3）。

▼**画面3** 「ツール」＞「スクリプト エディタ」をクリック

スプレッドシートを開いてすぐだと、「スクリプトエディタ」をクリックしても反応がないときがあるよ。
数秒待ってからもう一度クリックしてみよう。

　スタンドアロン型の時と同じ画面が表示されました。コンテナバインド型もスタンドアロン型もGASの画面は同じです（画面4）。

▼**画面4　GASの画面が表示される**

スタンドアロン型の時と同じよう
にスクリプトエディタが開くよ

　それでは作成したこのGASを使って、次節では操作方法を説明していきます。
　さらに実際の記述の方法については2-5節で説明していきます。

2

GASの基礎知識と用語解説

2-4 スクリプトエディタ

● スクリプトエディタを操作してみよう

　ここでは簡単にスクリプトエディタの画面（画面1）を説明します。なお、スクリプトエディタの画面構成や機能はスタンドアロン型もコンテナバインド型も同じです。

▼**画面1　スクリプトエディタの画面**

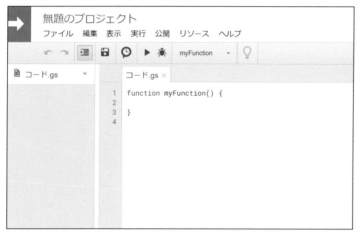

この画面をつかってGASをつくったり実行したりしていくよ

　画面1の左上にプロジェクト名の表示欄があります。作成時は「無題のプロジェクト」となっています。クリックすると編集できます。

　右下のエリアがスクリプトを入力する場所です。作成時は「function myFunction() ｛ ｝」が入力されています。

● スクリプトエディタのボタン

　ここで各種ボタンを説明します（画面2）。ショートカットキーがあるものは併記しています。

▼**画面2　スクリプトエディタのボタン**

いろんなマークのボタンが並んでいるね

①元に戻す（[Ctrl]+[Z]）…最後の操作を元に戻します

②やり直し（[Ctrl]+[Y]）…元に戻した操作をやり直します

③インデント…オン（押された状態）にすると、コードを範囲選択して[tab]キーを押したときに選択した範囲を整形してくれます。

④保存（[Ctrl]+[S]）…コードを保存します。

⑤現在のプロジェクトのトリガー…トリガー設定画面を開きます。

⑥実行（[Ctrl]+[R]）…選択した関数を実行します。

⑦デバッグ…選択した関数をデバッグモードで実行します。

⑧関数を選択…実行やデバッグをする関数をプルダウンで選択します。

● ショートカットキー

　スクリプトエディタには便利なショートカットキーがあります。主に使うものをまとめました（表1）。

▼表1　スクリプトエディタのショートカットキー

操作	Windows	Mac
元に戻す	[Ctrl]+[z]	[command]+[z]
やり直し	[Ctrl]+[y] または [Ctrl]+[shift]+[z]	[command]+[y] または [command]+[shift]+[z]
検索と置換	[Ctrl]+[f]	[command]+[f]
ファイルを保存	[Ctrl]+[s]	[command]+[s]
選択している関数を実行	[Ctrl]+[r]	[command]+[r]
ログを表示	[Ctrl]+[Enter]	[command]+[Enter]
カーソルがある行または選択された行をコメントアウト・アンコメント	[Ctrl]+[/]	[control]+[/]
単語単位でカーソルを移動	[Ctrl]+[←][→]	[option]+[←][→]
行頭・行末にカーソルを移動	[Alt]+[←][→]	[command]+[←][→]
カーソルがある行または選択された行を上下に移動	[Alt]+[↑][↓]	[option]+[↑][↓]
カーソルがある行または選択された行を削除	[Ctrl]+[d]	[command]+[d]

　ショートカットキーを使えるようになると作業時間が短縮できます。一度に全部覚えるのが難しければ、まずは2～3個から使い始めてみてください。

GASの基礎知識と用語解説

2-5 GASを実行しよう

世界一簡単なGASを実行してみよう

ここからは実際に簡単なGASを動かしながら進めていきましょう。

2-3節で解説したスプレッドシートからコンテナバインド型のGASを作成してください。

Google Apps Scriptでは、**関数**というものをつくって処理を実行します。新規でGASを開いたときにすでに「function myFunction()｛｝」というコードが入力されています（リスト1）。最初は空っぽになっている｛｝の中に命令を入力していきます。

なお、英数字や記号は半角で入力してください。また、GASではアルファベットの大文字小文字を判別しますので注意してください。

リスト1　世界一簡単なGAS

```
1  function myFunction() {
2    console.log("こんにちは");
3  }
```

コードを編集すると、コードの上にある「コード.gs」というタブ名の左に赤い＊（アスタリスク）が表示されます（画面1）。この＊が表示されているときは、変更したコードが保存されていません。フロッピーディスクのマークの保存ボタンをクリックして保存しましょう。

このとき、プロジェクト名が未入力の場合は入力する画面が表示されますので、適当な名前を入力して［OK］ボタンをクリックしてください。

▼画面1　保存前はタブ名の左に赤いアスタリスクがついている

タブのアスタリスクがあれば変更が保存されていないよ

保存するとアスタリスクが消えます（画面2）。

2

GASの基礎知識と用語解説

▼**画面2 保存するとアスタリスクが消える**

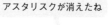

保存ができたら、さっそく実行してみましょう。

実行するには、①「関数を選択」のプルダウンで関数myFunctionを選び、動画の再生マークのような②「実行」ボタンを押します（画面3）。

▼**画面3 関数を選択して実行ボタンをクリック**

さて、実はこのスクリプトの実行が完了しても、見た目上は何も変化がありません。

成功したかを確認するために、画面4の上部にある「表示」メニューを開き、「ログ」をクリックしてください。

2

▼**画面4　表示メニューからログをクリックする**

Windowsの場合は Ctrl + Enter でもログを表示できるよ
Macの場合は command + Enter だね

画面5のように「こんにちは」と表示されていたら成功です。

▼**画面5　ログ画面に「こんにちは」と表示されている**

ログが記録された時刻と一緒にログの内容が表示されるよ

GASの基礎知識と用語解説

ここで使用したconsole.log(文字列)という構文は、ログに指定した文字列を出力する命令で、変数の値を確認したいときなどに利用します。

このあとのサンプルでもたくさん登場します。

ちなみにログ画面を開くショートカットキーがあります。 Ctrl キーと Enter キーを同時に押すことでログ画面を表示できます。よく開く画面になりますので覚えておきましょう。

2-6 デバッグ

デバッグ実行はバグを取り除くための便利な機能

デバッグは、スクリプトの実行時に発生した不具合を修正する作業です。

スクリプト上で不具合を発生させている箇所をバグといいます。バグ（bug）を取り除くので、デバッグ（debug）といいます。

GASのスクリプトエディタにはデバッグ機能が搭載されています。画面1の虫のマークのデバッグボタンをクリックすると選択している関数をデバッグ実行します。

▼画面1 虫のマークのデバッグボタン

バグは英語で「虫」のことだよ

ブレークポイントを設置する

画面2のようなスクリプトを記述してみます。スクリプトの行番号をクリックすると左に赤い丸印が表示されます。これを**ブレークポイント**といいます。

▼画面2 ブレークポイントを設置する

丸印の行で処理を止めて変数の
中身を確認したりできるんだね

GASの基礎知識と用語解説

ブレークポイントを設置してデバッグ実行すると、ブレークポイントの位置でスクリプトを一時停止することができます。一時停止されると画面の下半分にデバッグウィンドウが表示され、停止した時点で変数にどのような値が入っているかなどを確認できます（画面3）。

▼**画面3　処理が一時停止してその時点の変数の状態を確認できる**

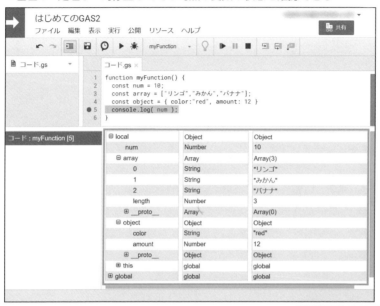

変数に入っている値が
一目瞭然だね

小さな「＋」のマークをクリックすると、そのデータの中身を表示したり非表示にしたりできます。

デバッグの時は、この画面を見ながら、意図したとおりにデータが入っているかを確認していきます。

デバッグメニュー

ブレークポイントで一時停止した状態になると、右上にデバッグメニューが表示されます（画面4）。

▼**画面4　デバッグメニュー**

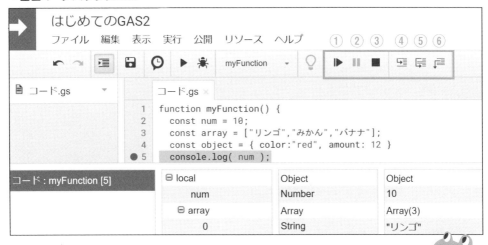

デバッグの時だけ表示される
ボタンだよ

デバッグメニューには6つのボタンがあり、それぞれの機能は次の表のとおりです（表1）。

▼**表1　デバッグメニューにあるボタンの機能**

①	デバッグを続行…	続きからデバッグ実行を再開します
②	デバッグを一時停止	処理中の実行を一時停止します
③	デバッグを終了	一時停止中のデバッグを終了します
④	ステップイン	1行単位で実行します
⑤	ステップオーバー	1行単位で実行します（関数があった場合は実行して次の行へ）
⑥	ステップアウト	現在の関数を最後まで実行します

　スクリプトを実行しても思いどおりに動かないときは、ブレークポイントを複数設置したりして、変数に適切な値が入っているかを順番に確認していくと、問題が発生している箇所を特定するのにとても役立ちます。

　これからスクリプトをつくっていく上で、思いどおりに動かない状況は必ず発生します。スクリプトをつくるときは「デバッグウィンドウとにらめっこ」の連続です。デバッグをマスターして早くバグを見つけられるようになることはスキルアップの近道ともいえます。

2

GAS の基礎知識と用語解説

2-7 JavaScriptの基本

まずはJavaScriptの基本から学ぼう

ここからはスクリプトに関する基本的なルールや用語を説明していきます。

Google Apps ScriptはJavaScriptをベースにしています。まずはJavaScriptの基本から学んでいきましょう。

次のリスト1のサンプルスクリプトでは、「fruit」という変数を宣言して「リンゴ」という文字列を代入しています。

リスト1 変数の宣言と代入

```
let fruit = "リンゴ";
```

変数の**宣言**と**代入**は、後ほど変数のページで説明しますのでここではわからなくても大丈夫です。

ここで覚えておきたいJavaScriptのポイントは次の2点です。

・大文字と小文字を区別する
・セミコロンで区切る

大文字と小文字を区別する

JavaScriptは大文字と小文字を区別します。

例えば、fruit と Fruit は別のものとして扱われます。

なお、命令文は半角英数字で入力してください。全角で命令文を書くとエラーが発生します。

セミコロンで区切る

JavaScriptで命令は文（ステートメント）と呼ばれます。

それぞれの文はセミコロン（;）で区切られます。

1行に1文だけ書かれている場合、セミコロンは必須ではないのですが、意図しないバグを発生させないよう、文の後には常にセミコロンを記述するとよいでしょう。

まずは、大文字と小文字の区別と、文を区切るセミコロンがJavaScriptの基本です。

2-8 コメント

別の人や未来の自分のためにコメントを残す

スクリプトの中には、任意のコメントを入れられます。スクリプトの実行時は、コメント部分は処理されません。

コードの途中で備忘録やメモを残したいときや、バグを修正する際に元のコードを残しておく（**コメントアウト**ともいいます）ときに利用します。

コメントの種類

コメントの記述方法には、1行のみのコメントと、複数行のコメントの2つの種類があります。

書式：単一行コメントと複数行コメント

```
// 1行のコメント

/*  複数行の
    コメント
*/
```

エラーになってしまうコメントの書き方

複数行のコメントは入れ子にする（複数行コメントの内側に複数行コメントを入れる）ことができません。下のようなコードはエラーになります。

書式：複数行コメントは入れ子にできない

```
/*  複数行の
  /*  コメントは、
      入れ子には
  */
  できません。  // ここでコメントが解除されてしまいエラーになる
*/
```

GASにはコメントのショートカットキーがあります。範囲を選択して Ctrl キー＋ / キーでコメントの有無を簡単に切り替えられます。簡単なのでぜひ試してみてください。

GASの基礎知識と用語解説

関数

新規作成で作成される関数

Google Apps Script（JavaScript）では、**関数**（かんすう）というものをつくって処理を実行させます。

新規でGASを作成したとき、すでに「function myFunction()｛｝」という文字が入力されていますね。これが関数です（リスト1）。

最初は空っぽになっている｛｝の中に命令を入力していくことでいろんなことができるようになります。

リスト1 最初から入力されている関数myFunction

```
function myFunction() {
    // ここに処理を書く
}
```

もしもカレーライスをつくる関数を考えたなら

ところでみなさん、カレーライスをつくったことはありますか？

関数は、例えるなら「料理のレシピ」です。

もしカレーをつくる関数を書くならこんな感じになります（リスト2）。

リスト2 カレーをつくる関数ならこんなイメージ

```
function makeCurry() {
    // 肉と野菜を切る
    // お鍋で炒める
    // ルーを入れて煮る
    // ごはんとお皿に盛り付け
}
```

関数名は自分で命名できます。上の例では「makeCurry」にしました。

残念ながら肉を切ったり鍋で炒めたりする命令はGASにありませんのでカレーライスは作れませんが、関数のイメージを掴んでいただければOKです。

2-10 変数（へんすう）var、let、const

変数について学ぼう

次に変数について説明します。ここからは実際に動くGASを交えながら説明していきます。気になったサンプルスクリプトは実際にGASで試してみてください。

変数とは

変数は、箱です。変「数」という名前ですが、数値だけでなく、文字列やその他いろんなものを入れられます。2-7節のリスト1の変数fruitは次の図1のようなイメージになります。

図1 変数のイメージ

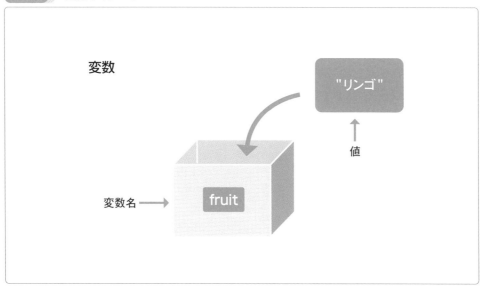

変数

"リンゴ"

値

変数名 → fruit

変数の宣言

変数を利用するときは最初に「変数を宣言」します。

JavaScriptでの変数の宣言は3種類あります。

書式

```
var 変数名 = 値;
let 変数名 = 値;
const 変数名 = 値;
```

GASの基礎知識と用語解説

2

変数の命名ルール

変数名は識別子（しきべつし）とも呼ばれます。識別子の命名ルールは1文字目が文字、アンダースコア（_）、ドル記号（$）のいずれかで始まり、2文字目以降は数字も使用できます。

変数に値を代入する

変数は宣言するだけでは中身が空っぽのただの箱です。中にデータを入れることで処理に利用できるようになります。変数に指定した値を入れることを「代入する」といいます。

イコール（=）は**代入演算子**といって、右側の値を左側の変数に代入します。

次のリスト1は、「変数xを宣言して、数値1を代入する」という処理を実行します。

リスト1　変数に指定した値を代入する

```
let x = 1;
```

変数に文字列を代入する

次のリスト2のように文字（文字列といいます）を代入するときは、シングルクォーテーション（'）またはダブルクォーテーション（"）で囲います。

リスト2　変数に文字列を代入する

```
let fruit = "リンゴ";
```

基本的にシングルクォーテーションでもダブルクォーテーションでもどちらでも大丈夫ですが、文字列として「'」「"」を使いたいときは、使用しない方の文字で囲います。その例がリスト3になります。

リスト3　文字列内でシングルクォーテーション（'）を使う例

```
let message = "What's up?";
```

var と let と const の違い

さて、変数の宣言には3種類あるという話をしましたが、それぞれ特徴があります。

特徴をまとめたのが次の表1です。

▼**表1**　var、let、constの特徴

	再代入	再宣言	スコープ
var	○	○	関数スコープ
let	○	×	ブロックスコープ
const	×	×	ブロックスコープ

2

再代入、再宣言、スコープという言葉が出てきましたね。それぞれ説明していきます。

変数の再代入

再代入は、既に代入した変数に別のものを代入することを言います。リスト4のようになります。

リスト4 変数の再代入の例

```
let fruit = "リンゴ";
fruit = "みかん";
```

varとletは再代入が可能なのに対してconstは再代入ができません。

定数const

constは、最初に代入したら再代入することができません。このため、constで宣言された変数は**定数**と呼ばれます。ちなみにconstは、constant variable（不変の変数）の略です。

変数はフタの空いていて出し入れ可能な箱で、定数は中身を入れた後にフタを閉めた箱というイメージです。リスト5のように再代入しようとするとエラーになります。

リスト5 constで宣言した定数の再代入はエラーになる

```
const fruit = "リンゴ";
fruit = "みかん"; // エラーになる
```

変数の再宣言

宣言した変数を同じ名前で宣言することを**再宣言**といいます。

varは再宣言できますが、letとconstは再宣言できません。再宣言しようとするとエラーになります（リスト6）。

リスト6 変数の再宣言

```
var fruit = "リンゴ";
var fruit = "みかん";  // varは再宣言できる

let fruit = "リンゴ";
let fruit = "みかん";  // letの再宣言はエラーになる
```

変数のスコープ

スコープとは、変数を参照できる範囲のことです。JavaScriptでは、変数のスコープ（参照可能な範囲）の外側から変数を参照することができません。

varとlet、constはスコープに違いがあります。varは宣言された関数の内側が参照できる範囲となります（**関数スコープ**）。これに対し、letとconstは中括弧 ‖ で囲われた「ブロック」の内側が参照可能な範囲となります（**ブロックスコープ**）。関数スコープとブロックスコープのイメージを図2に示します。

関数スコープ（var）

varは関数スコープですので、変数が宣言された関数の中であればどこでも使用できます。ブロックの中で宣言されていても、ブロックの外でも変数を参照できます（リスト7）。

> **リスト7**　**var**はブロックの外でも同じ関数の中なら参照できる（関数スコープ）

```
function varTest() {
  {
    var fruit = "リンゴ";
  }
  console.log(fruit);  // リンゴ（関数内なのでエラーにならない）
}
```

ブロックスコープ（letとconst）

JavaScriptでは、複数の文をグループ化するために中括弧（波括弧 ‖ ）を使って文を囲うことができます。これを**ブロック**といいます。

letとconstはブロックスコープですので、宣言されたブロック ‖ の中でのみ使用でき、ブロックの外からは参照できません（リスト8）。

> **リスト8**　**let**は宣言したブロックの外から参照できない

```
function letTest() {
  {
    let fruit = "リンゴ";
  }
  console.log(fruit);  // ブロック外なのでエラーになる
}
```

図2 関数スコープとブロックスコープ

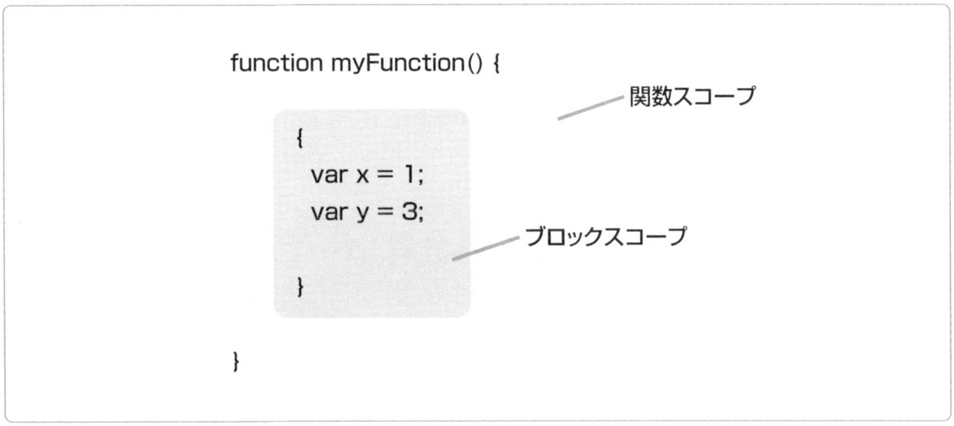

```
function myFunction() {
                                          ──── 関数スコープ
      {
        var x = 1;
        var y = 3;
                                          ──── ブロックスコープ

      }

}
```

var、let、constそれぞれの特徴を説明しました。キャッチコピーをつけてまとめると次のようなイメージです。

- ・一番ゆるくて関数スコープのvar
- ・再代入はできるけど再宣言は許さないlet
- ・一度決めたら変えられない頑固一徹のconst

グローバル変数とローカル変数

変数は関数の外側でも宣言することができます。関数の外側で宣言した変数は「グローバル変数」と呼ばれ、どの関数からも参照できるようになります。一方、関数内で宣言された変数は「ローカル変数」と呼ばれます。

グローバル変数はどの関数でも利用できる点で便利なものの、別途関数内で同じ名前の変数が宣言された場合に意図しない動作をすることがありますので一般的にはあまり推奨されていません。利用は必要最小限にしましょう。

結局、変数の宣言はvarなの？ letなの？

変数を使いたいときにvarとletはどちらを使ったら良いでしょうか。

letは再宣言しようとするとエラーになるためミスに気づきやすいほか、スコープが狭く影響範囲を限定できる（思わぬところでエラーが発生しにくい）など使い勝手が良いです。

本書でも変数の宣言はletを使用していきます。

const（定数）を使うべきかlet（変数）を使うべきか

再宣言できる変数のletと再宣言できない定数のconst、どちらを使うべきでしょうか。

結論としては、基本的にconst（定数）を使い、途中で再代入することがある場合のみlet（変数）を使うことをおすすめします。constにすることで、意図せず再代入された場合はエラー

が発生します。letだと意図しない再代入があってもそのままスルーされてしまいますので、異物が入った時点では気づかず、後続の処理で不具合が発生することになります。constにしておいた方が、異物が入ったタイミングでエラーが出ますので、不具合の原因を特定しやすくなるでしょう。

 Column const は中身を変えられない…わけではない

　定数は再代入ができないだけで、例えば定数の中身が配列やオブジェクトの場合、その中身となる要素は変更が可能です。配列やオブジェクトについては後ほど説明しますので、「constは再代入できないけど内容は変えられる」ことを頭の片隅に入れておいてください。

 Column つい最近までvarしか使えなかったGAS

　GASは2020年2月以降、Chrome V8 を搭載した新しい Apps Script ランタイムが使用できるようになりました。これによってletが使用できるようになり、constも仕様が変わって現在の状態になりました。

　2020年2月よりも前に執筆され、その後に改訂されていないGAS関連の書籍やブログ記事などでは変数をすべてvarで宣言しているはずです。逆に、2020年2月以降に執筆された書籍やブログはvarをほとんど使わずにletやconstで宣言されていることが多いです。

　「このGASの本はなぜすべてvarなのだろう？」と疑問に思ったら、いつ書かれたものか確認してみると理由がわかるかもしれません。

2-11 配列

配列は順番に並んだ箱の集まり

変数は1つの箱でした。JavaScriptでは、箱を順番にくっつけた**配列**（はいれつ）という集合体をつくることもできます（図1）。

順番に繰り返す処理をしたい時などに利用できます。

図1 配列

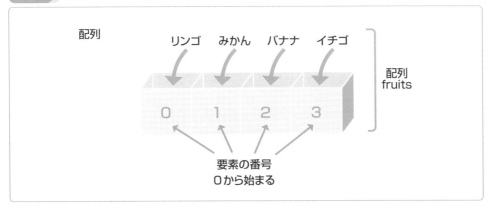

配列の生成

配列の生成方法はいくつかあります。

次の書式は、どれも配列を生成する構文です。

書式

```
var array = new Array(0番目の要素, 1番目の要素, ..., n番目の要素);
var array = Array(0番目の要素, 1番目の要素, ..., n番目の要素);
var array = [0番目の要素, 1番目の要素, ..., n番目の要素];
```

配列へのデータ追加

宣言した配列に要素の番号を指定して配列にデータを追加することができます（リスト1）。

リスト1 配列の作成と要素の格納

```
const members = []; // 空っぽの配列を生成
members[0] = '太郎'; // 0番目の要素に値を代入
```

```
    members[1] = '一郎'; // 1番目の要素に値を代入
    members[2] = '二郎'; // 2番目の要素に値を代入
    console.log( members[0] ); // 太郎
    console.log(members); // ['太郎','一郎','二郎']
```

ちなみに、constで宣言した配列でも要素は再代入ができます。

配列のメソッド

配列は、**メソッド**といわれる関数を使用してさまざまな処理ができます。その中でもよく使う便利なメソッドを紹介します。

配列名.concat()

配列に他の配列や値をつないで新しい配列を返します（リスト2）。

リスト2 配列名.concat()のサンプル

```
    const array1 = ['子ブタ','タヌキ'];
    const array2 = ['キツネ','ネコ'];
    const array3 = array1.concat(array2); // 配列をつなげて新しい配列を作る
    console.log(array3); // [ '子ブタ', 'タヌキ', 'キツネ', 'ネコ' ]
```

配列名.push()

1つ以上の要素を配列の最後に追加します（リスト3）。

リスト3 配列名.push()のサンプル

```
    const array = [ '子ブタ', 'タヌキ' ];
    array.push('キツネ'); // 配列の最後に要素を追加
    console.log(array); // [ '子ブタ', 'タヌキ', 'キツネ' ]
```

配列名.unshift()

1つ以上の要素を配列の先頭に追加します（リスト4）。

リスト4 配列名.unshift()のサンプル

```
    const array = [ 'タヌキ','キツネ' ];
    array.unshift('子ブタ'); // 配列の先頭に要素を追加
    console.log(array); // [ '子ブタ', 'タヌキ', 'キツネ' ]
```

配列名.reverse()

配列の要素を反転させます。最初の要素は最後の要素になり、最後にあった要素は最初の要素になります（リスト5）。

リスト5　配列名.reverse()のサンプル

```
const array = [ '子ブタ', 'タヌキ','キツネ' ];
array.reverse(); // 配列を逆順に並べ替え
console.log(array); // [ 'キツネ', 'タヌキ', '子ブタ' ]
```

配列名.sort()

配列を括弧（）内に定義したルールで並べ替えます。括弧内に並べ替え順を定義する関数を指定することでさまざまな条件で並べ替えできます。

括弧内に何も指定しない場合は、要素を文字列に変換して文字コード順に並べ替えされます（リスト6）。

リスト6　配列名.sort()のサンプル

```
const array = [ '子ブタ', 'タヌキ', 'キツネ', 'ネコ' ];
array.sort(); // 配列を文字順に並べ替え
console.log(array); // [ 'キツネ', 'タヌキ', 'ネコ', '子ブタ' ]
```

日本語の文字コードは、ひらがな→カタカナ→漢字の順番に並んでいるので、子ブタが最後になっています。

● 多次元配列

配列の要素に、さらに配列を含めることができます。

GASではスプレッドシートにある複数のセルを扱うときに2次元配列を使用します（画面1）。

▼**画面1**　スプレッドシートの選択範囲

	A	B	C	D
1	A1	B1	C1	
2	A2	B2	C2	
3	A3	B3	C3	
4				

スプレッドシートで複数のセルの値を扱うときに2次元配列を使うよ

GASの基礎知識と用語解説

例えば、画面1のようなシートで選択した部分（A1:C3）のデータを取得すると次のような2次元配列になります（リスト7）。

リスト7 シートから取得した２次元配列のイメージ

```
const values = [
  [ 'A1', 'B1', 'C1' ], // 1行目
  [ 'A2', 'B2', 'C2' ], // 2行目
  [ 'A3', 'B3', 'C3' ] // 3行目
];
```

全体の配列の中に、行ごとのセルの値が並んだ配列が1行ずつ入っていますね。GASではこのような2次元配列に対して繰り返し文などを使って処理していくことが多いです。ぜひイメージを掴んでおいてください。

GASの基礎知識と用語解説

2-12 オブジェクト

JavaScriptで大事なオブジェクト

JavaScriptはオブジェクト指向言語ともいわれています。そのためJavaScriptではオブジェクトを理解することがとても重要です。しかし、初心者にはなかなか難しいところでもありますので、100%理解できなくても大丈夫です。ここではまずざっくりとしたイメージを掴んでください。

オブジェクトは**連想配列**とも呼ばれることもあり、配列とイメージが似ています。配列は「番号」のついた箱の集まりでしたが、オブジェクトは「名前」のついた箱の集まりです（図1）。

図1　オブジェクトのイメージ

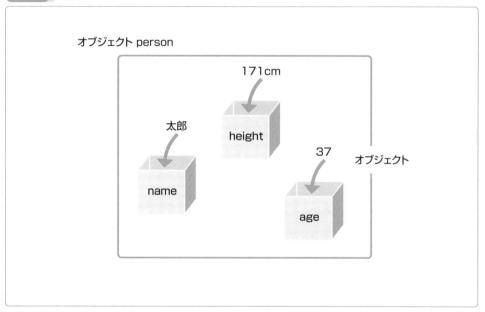

オブジェクトの作成

オブジェクトの作成方法はいくつかありますが、一番簡単なものを紹介します。

中括弧 ｛｝ を記述する方法でオブジェクトを生成できます。

書式：オブジェクトの生成

```
const object= {};
```

とても簡単ですね。しかし、これでは中身が空っぽなので、中身を入れて作成してみましょう。

今回は個人に関する情報を入れるので、オブジェクト名もわかりやすいようにpersonにしてみます（リスト1）。

リスト1 中身を入れてオブジェクトを生成する

```
const person = {
  name: '太郎',
  age: 37,
  height: '171cm'
}
```

いままでのイコール（=）を使った代入と違い、コロン（:）を使ったちょっと特殊な書き方ですね。詳しく見ていきましょう。

● オブジェクトのプロパティ

オブジェクトの中括弧｛｝の中には、「名前（キー）：値」という形式でデータを格納できます。これを**プロパティ**といいます。プロパティが複数ある場合はカンマで区切ります。

オブジェクトはプロパティの集まりであり、プロパティは名前（キー）と値の関連付けで成り立っています。

リスト1の例では、名前、年齢、身長のプロパティが入ったオブジェクトを作成しました。

● プロパティにアクセスする（ドット記法とブラケット記法）

生成したオブジェクトに後からプロパティを追加することもできます。

プロパティを記述する方法には、ドットでつなげる**ドット記法**と角括弧[]を使う**ブラケット記法**の2種類があります（リスト2）。

リスト2 ドット記法とブラケット記法

```
person.height = '171cm'; // ドット表記法
person ['体重'] = '58kg'; // ブラケット表記法
console.log( person.height ); // 171cm
console.log( person ['体重'] ); // 58kg
```

ブラケット記法を使って、キーに日本語（全角文字）を使用することもできます。

また、オブジェクトのプロパティには、配列やオブジェクトも使用可能です（リスト3）。

2

リスト3　オブジェクトのプロパティには配列やオブジェクトも入れられる

```
const person = {
  name: '太郎',
  pets: [ '子ブタ', 'タヌキ', 'キツネ' ], // 配列
  place: { pref: '千葉県', city: '松戸市' }, // オブジェクト
}
console.log( person.pets[1] ); // タヌキ
console.log( person.place.pref ); // 千葉県
```

● オブジェクトのメソッド

さらに、オブジェクトには、プロパティのような値のほかに、関数も入れることができます。オブジェクトに関連付けられた関数を**メソッド**といいます。メソッドはオブジェクトの持っているデータを使用して処理を実行できます。

リスト4の例のように、オブジェクト名.メソッド名() でメソッドを実行することができます。

リスト4　オブジェクトのメソッド

```
const person = {
  name: '太郎',
  greeting: function(){ console.log("私は" + this.name + "です") } //
メソッド
  }
person.greeting(); // 私は太郎です
```

● 配列とオブジェクトの使い分け

配列は要素番号の「数字」によって値にアクセスし、オブジェクトはキーとなる「文字列」によって値にアクセスできます。よく似ているようにも見える配列とオブジェクトですが、スクリプトの中で利用するときには、どう使い分ければ良いでしょうか。

結論としては、同じ種類の要素を順番に並べるときは配列を、種類の異なるものを1つにまとめるときはオブジェクトを使うとよいでしょう（リスト5）。

リスト5　配列とオブジェクト

```
// 配列
const members = ["太郎","次郎","三郎"];
// オブジェクト
const team = {
  manager: "太郎",
```

```
    sales: "次郎",
    product: "三郎"
  }
```

　繰り返し処理に利用したい場合は、配列にしておくと扱いやすくなります。一方で、オブジェクトは意味を持つ文字列でアクセスできるのでコードがわかりやすく(読みやすく)なります。

　実際にスクリプトを書くときには、配列の中にオブジェクトを格納することもよくあります(リスト6)。配列とオブジェクトのそれぞれの良さを考えながら使い分けられるといいですね。

リスト6 配列の中にオブジェクトを入れると扱いやすい

```
const teams = [
  { manager: "太郎", sales: "次郎", product: "三郎" },
  { manager: "春子", sales: "夏子", product: "秋子" }
];
console.log( teams[0].sales ); // 次郎
```

関数の中で関数を呼び出すことができる

ここで再び関数の話に戻りましょう。

関数の説明では、例としてカレーライスをつくるレシピのイメージで関数をつくりましたが、カレーライスをつくるなら、炊飯器でごはんも炊かないといけないですね。

カレーライスをつくる処理の中にごはんの炊き方を追加してもいいのですが、そうすると、他のごはんを使う料理のレシピにも毎回ごはんの炊き方が登場してしまってなんだか効率が悪そうです。

そんな時は、ごはんを炊く処理を別の関数にします。そして、カレーをつくる関数からごはんを炊く関数を呼び出すことができます（リスト1）。

リスト1 ごはんを炊く関数を呼び出すイメージ

```
// カレーライスを作る関数
function makeCurry() {
    // お米1合（150g）でごはんを炊く
    const rice = 150;
    const boiledRice = cookRice( rice );// 関数を呼び出して結果を代入
    // 肉と野菜を切る
    // お鍋で炒める
    // ルーを入れて煮る
    // ごはんとお皿に盛り付け
  }
// ごはんを炊く関数
function cookRice( weight ){
// お米の炊き上がりの重さ（2倍）を返す
  return weight * 2;
}
```

引数（ひきすう）

リスト1の関数makeCurryの中で関数cookRiceを呼び出しています。

このとき、括弧の中にある変数riceの値（中身は150）を関数cookRiceに渡しています。

呼び出された先の関数cookRiceは、150という値を変数weightに入れて受け取ります。

このように関数を呼出すときに括弧（）の中に値を入れて、呼び出された先の関数に値を渡すことができます。これを**引数**（ひきすう）といいます。

引数はカンマ（,）で区切って複数の値を渡すことも可能です（リスト2）。

リスト2 引数はカンマ（,）で区切って複数の値を渡すことができる

```
function makeCurry() {
  const boiledRice = cookRice( 150, "五穀米" );
  // 処理
}

function cookRice( weight, type ){
  // 処理
  return weight * 2
}
```

受ける側の変数名は何でも大丈夫ですが、複数の引数を渡す場合は、順番が重要です。順番どおりに格納されます。

なお、渡す側と受ける側で引数の数が一致しなくてもエラーにはなりません。

☑ Point

・引数はカンマで区切って複数を渡せる

・複数の引数を渡す時は順番が重要

・引数の数が一致しなくてもエラーにはならない

戻り値（return文）

呼び出す関数から呼び出される関数に渡すのが引数でしたが、逆に呼び出された関数から呼び出した関数に渡す値を**戻り値**といいます。このときに使用するのがreturn文です。

関数cookRiceの最後にあるのがreturn文です。

先ほどのリスト2のサンプルスクリプトでは、関数cookRiceは、このreturn文でweightの2倍の数値を呼出し元の関数makeCurryに戻しています。これを**戻り値**（もどりち）といいます。これによって関数makeCurryの変数boiledRiceには、150の2倍である300の数値が入ります。

引数と戻り値の関係を示すと図1のようになります。

図1 引数と戻り値のイメージ

戻り値は一つしか返せない

引数はカンマで区切って複数を指定できるのですが、戻り値はreturnの後に1つしか指定できません。だからといって不便ということはあまりありません。少しだけ手間ですが、配列やオブジェクトにまとめてしまえば良いのです。

荷物は1つまでと言われたら、大きめのスーツケースに全部詰め込んでしまえばいいわけですね。

なお、戻り値が必要ない場合は省略しても問題ありません。

return文の後は処理されない

return文は強制的に関数の処理を終了させます。return文の後にコードを書いていたとしても実行されません（リスト3）。

リスト3 return文の後は処理されない

```
function calledFunction( name ){
  const newName = name + 'さん';
  return newName;
  console.log( newName + 'こんにちは'); // この文は実行されない
}
```

2-14 演算子

演算子と被演算子

GAS（JavaScript）では、さまざまな処理や計算（＝演算）ができます。

ここでは、演算をするために使用する**演算子**（えんざんし、オペレータ）について紹介します。

ちなみに、ここまで説明してきた変数や定数は、演算子によって演算される側という意味で、**被演算子**（ひえんざんし、オペランド）と呼ばれます。

ちょっと難しい単語が並びましたが、言いたいことは単純です。例えば、「1+2」という式があったら、演算の命令である「+」が演算子、演算に使われる「1」と「2」が被演算子です（図1）。

図1 演算子（オペレータ）と被演算子（オペランド）

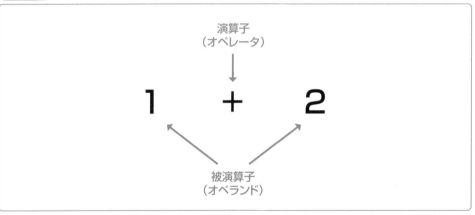

ちょっと雑な言い方をすると、演算子は「記号」です。JavaScriptで使われるさまざまな記号とその意味を1つずつ見ていきましょう。

算術演算子

算術演算子は数値の計算に使用します（リスト1）。算数や数学と同じように四則演算（加減乗除）ができるほか、除算した余りを計算する剰余（%)もあります。

リスト1 四則演算（加減乗除と剰余）

```
const a = 5;
const b = 2;
console.log( a + b ); // 7 ( 5 + 2 = 7 )
console.log( a - b ); // 3 ( 5 - 2 = 3 )
```

```
console.log( a * b ); // 10 ( 5 * 2 = 10 )
console.log( a / b ); // 2.5 ( 5 / 2 = 2.5 )
console.log( a % b ); // 1 ( 5を2で割り算した余り)
```

　また、**インクリメント**（++）や**デクリメント**（--）という繰り返しの処理で重宝する算術演算子もあります（リスト2）。

　x++ は x = x + 1 と同じで、x-- は x = x - 1 と同じです。

リスト2　インクリメントとデクリメント

```
let x = 0;
x++; // インクリメント
console.log( x ); // 1
x--; // デクリメント
console.log( x ); // 0
```

● 代入演算子

　代入演算子の右にある値を左にある変数・定数に代入します。

　イコール（=）を使用した簡単な代入演算子は既に簡単に説明しました。そのほかにも、さまざまな代入演算子があります（表1）。

▼表1　代入演算子

演算子	演算子の名称	使い方	意味
=	代入演算子	x = y	x = y
+=	加算代入演算子	x += y	x = x + y
-=	減算代入演算子	x -= y	x = x - y
*=	乗算代入演算子	x *= y	x = x * y
/=	除算代入演算子	x /= y	x = x / y
%=	剰余代入演算子	x %= y	x = x % y

● 比較演算子

　比較演算子は右と左の値を比較して、その結果が真（true）であるか偽（false）であるかを返します（表2）。

GASの基礎知識と用語解説

▼表2　比較演算子

演算子	説明	true を返す例
等価 (==)	等しい場合に true を返します。	1 == 1
不等価 (!=)	等しくない場合に true を返します。	1 != 2
厳密等価 (===)	等しく、かつ同じ型である場合に true を返します。	1 === 1
厳密不等価 (!==)	等しくない、または同じ型でない場合に true を返します。	1 !== 2
より大きい (>)	左の値が右の値よりも大きい場合に true を返します。	1 > 0
以上 (>=)	左の値が右の値以上である場合に true を返します。	1 >= 0
より小さい (<)	左の値が右の値よりも小さい場合に true を返します。	1 < 2
以下 (<=)	左の値が右の値以下である場合に true を返します。	1 <= 2

等価と厳密等価の違い

　JavaScriptでは、数値と（数字からなる）文字列を比較するような場合、比較に適した型に変換しようとします。これは結構便利な機能ではあるのですが、型もあっているのかまで厳密に確かめたいときもあります。

　厳密等価では、比較に適した型への変換をしません。型が違う（数値と数字の文字列）場合はfalseを返します（リスト3）。

リスト3　等価と厳密等価、不等価と厳密不等価

```
// 等価
console.log( 3 == '3' ); // true
// 厳密等価
console.log( 3 === '3' ); // false
// 不等価
console.log( 3 != '3' ); // false
// 厳密不等価
console.log( 3 !== '3' ); // true
```

● 論理演算子

　論理演算子は、3種類あります。複数の式を同時に判定させたいときに左側の値と右側の値を用いて真（true）偽（false）を返します。

　比較演算子を複数使って条件文をつくりたい場合に使います。

&& (論理AND) 演算子

　&&演算子は簡単に言うと、演算子の左の値と右の値の両方がtrueならtrueを返します。

　厳密に言うと、左の値をfalseと見ることができれば左の値を返します。左の値をtrueと見ることができれば右の値を返します（リスト4）。

GASの基礎知識と用語解説

リスト4 &&演算子の例

```
console.log( true && true ); // true
console.log( false && true ); // false
console.log( true && false ); // false
console.log( false && false ); // false
console.log( 3 === 3 && 5 === 5 ); // true
```

||（論理OR）演算子

||演算子は簡単に言うと、演算子の左の値と右の値のどちらかがtrueならtrueを返します。

厳密に言うと、左の値をtrueと見ることができれば左側の値を返します。左の値をfalseと見ることができれば右の値を返します（リスト5）。

リスト5 ||演算子の例

```
console.log( true || true ); // true
console.log( false || true ); // true
console.log( true || false ); // true
console.log( false || false ); // false
console.log( 3 === 4 || 5 === 5 ); // true
```

&& 演算子と||演算子が返すのはtrueとfalseだけじゃない

さて、説明が少し回りくどい言い方になっていますが、&& および || 演算子は常にtrueかfalseを返すものではなく、実際には左右の値のうちどちらかの値を返しています。

また、どちらも左から右に評価されます。

ここらへんは少し難しいですので詳しくわからなくても問題ありません。次のリスト6に例を書いておきますので、なんとなくイメージが掴めれば大丈夫です。

リスト6 && 演算子と||演算子が返す値

```
// &&演算子 → 左がfalse（偽値）と見ることができれば右は評価されない
console.log( 'ネコ' && 'イヌ' ); // イヌ（左が真値なので右を評価し'イヌ'を返した）
console.log( true && 'イヌ' ); // イヌ（左が真値なので右を評価し'イヌ'を返した）
console.log( false && 'イヌ' ); // false（左が偽値なので'イヌ'は評価されない）
// ||演算子 → 左がtrue（真値）と見ることができれば右は評価されない
console.log( 'ネコ' || 'イヌ' ); // ネコ（左が真値なので右は評価されない）
console.log( true || 'イヌ' ); // true（左が真値なので右は評価されない）
console.log( false || 'イヌ' ); // イヌ（左が偽値なので右を評価し'イヌ'を返した）
```

！（論理NOT）演算子

単一の演算対象の左側に「！」を置いて判定を反転させます。

演算対象となる値をtrueと見ることができる場合はfalseを返し、そうでない場合はtrueを返します（リスト7）。

リスト7 ！演算子の例

```
console.log( !true ); // false
console.log( !false ); // true
console.log( !"ネコ" ); // trueの反対なのでfalse
console.log( !( "ネコ" == "イヌ" ) ); // falseの反対なのでtrue
```

 Column TruthyとFalsy

論理演算子の説明では、「○○と見ることができる値」という表現をしましたが、JavaScriptでは、trueと見ることができる値をTruthy、falseと見ることができる値をFalsyといいます。trueとfalseのそれぞれにyをつけて形容詞化したような呼び方です。

どのような値がTruthyで、どのような値がFalsyかを把握することで、後ほど出てくるif文の条件分岐なども正しく使えるようになります。全部を覚えておく必要はありませんが、必要なときに確認してみてください。

【Truthyな値の例】
・true
・{}（オブジェクト（内容が空っぽのものを含む））
・[]（配列（内容が空っぽのものを含む））
・42（0以外の数値）
・"0"（「0」という文字列）
・"false"（「false」という文字列）

【Falsyな値の例】
・false
・null（オブジェクトの値が存在しないことを示す値）
・undefined（未定義値）
・0（数値0）
・NaN（非数（Not-A-Number）を表す値）
・""（空の文字列）

GASの基礎知識と用語解説

文字列演算子

文字列に対して使用できる演算子です。

2つの文字列を結合する結合演算子（+)のほか、代入演算子で説明した加算代入演算子（+=）も文字列の結合に使用できます（リスト8）。

リスト8 文字列演算子を使う

```
const name = "太郎";
let message = name + "さん、";
message += "おはようございます！";
console.log(message); // 太郎さん、おはようございます！
```

GASの基礎知識と用語解説

2-15 if…else文（条件分岐）

条件によって処理を変えるif文

例えば、カレーをつくるときに、「ニンジンの直径が3センチ以上だったら半月切り、3センチ未満だったら輪切りにしたい。」と考えることがあると思います。

このような、条件によって処理を変えるには条件文を使用します。

条件文には、if…else文とswitch文がありますswitch文はif…else文で代用できるので、ここではif…else文について説明します。

基本的な構文は次のとおりです。

書式

```
if （条件式） {
  // 条件式が真値（Truthy）の場合の処理
} else {
  // 条件式が偽値（Falsy）の場合の処理
}
```

先ほどの「ニンジンの直径が3センチ以上だったら半月切り、3センチ未満だったら輪切りにしたい。」をif…else文を使って書いてみるとリスト1のようになります。

リスト1　簡単なif…else文

```
const size = 4;
if( size > 3 ){
  console.log("半月切り");
} else {
  console.log("輪切り");
}
```

else以降を省略してifのみで使用することもできます（リスト2）。

リスト2　elseは省略してifのみで使える

```
if( age === 60 ){
  console.log("還暦"); // 還暦
}
```

さらに、中括弧 ‖ で囲んでいましたが、処理が1文のみの場合は中括弧 ‖ がなくても問題ありません（リスト3）。

リスト3 文が1つなら中括弧は不要

```
if( age === 60 ) console.log("還暦"); // 還暦
```

if…else文の連続

条件が複数ある場合は、if…else文を連続で使うことができます（リスト4）。

リスト4 if…else文を連続で使う

```
const score = 85;
if( score === 100 ){
  console.log("満点です");
} else if( score > 80 ){
  console.log("合格です");
} else {
  console.log("不合格です");
}
```

条件（三項）演算子

if…else文とよく似たものとして、条件（三項）演算子というものがありますのでここで紹介します。条件演算子は、条件に基づいて2つの値のうち1つを選択して左項の変数に返します。

次のリスト5の場合は条件がTruthy（真値）であれば値1を返し、Falsy（偽値）であれば値2を返します。

書式

```
条件 ？ 値1 ： 値2
```

リスト5 条件（三項）演算子のサンプル

```
const ampm = ( hour < 12 ) ? "午前" : "午後" ;
```

2-16 for文（繰り返し）と break文、continue文

処理を繰り返すfor文

同じことを繰り返し処理する場合は、for文を使ってループをつくります。繰り返し処理（反復処理）にはいくつも種類があるのですが、基本のfor文さえ抑えておけば汎用的に使えます。

for文

基本的なfor文は次のとおりです。

書式

```
for(初期化式; 条件式; 増減式){
    // 条件式がtrueの場合に実行される処理
}
```

初期化式…カウンタ変数（カウントのために使用する変数）を初期化します。
条件式…ループを反復する前に評価される条件。この式がtrueに評価されれば処理が実行され、falseなら繰り返し処理が終了します。
増減式…ループの各反復の終わりに評価される式。カウンタ変数を更新します。

構文の説明を見ても、いまいちピンとこないですよね。実際のコードを見た方がわかりやすいと思いますので、5回処理を繰り返すfor文のサンプルを見てみましょう（リスト1）。

リスト1 5回繰り返すfor文

```
function myFunction() {
  for( let i=0; i<5; i++ ){
    console.log( i + "回目" );
  }
}
```

forの括弧の中にある「let i=0; i<5; i++」は、「カウンタ変数iを宣言して初期値を0とし、iが5未満の場合は処理を実行して、実行後はiに1を足す」という命令です。

カウンタ変数は慣習的にiを使用しますが、任意の名前にしてもかまいません。

実行結果（ログ）は画面1のようになります。

GAS の基礎知識と用語解説

▼**画面1　実行結果**

ログ

[20-09-02 15:04:15:865 JST] 0回目
[20-09-02 15:04:15:867 JST] 1回目
[20-09-02 15:04:15:868 JST] 2回目
[20-09-02 15:04:15:870 JST] 3回目
[20-09-02 15:04:15:871 JST] 4回目

0から4まで計5回実行
されたね

0を初期値にしているので、0回目から4回目までの計5回繰り返されました。

処理結果の文字列を1回目～5回目にしたい場合は、リスト2のようにカウンタ変数iの初期値を1にして、条件式をi<=5にすることもできますね（画面2）。

リスト2　　1から始めるfor文

```
function myFunction() {
  for( let i=1; i<=5; i++ ){
    console.log( i + "回目" );
  }
}
```

▼**画面2 実行結果**

ログ

[20-09-02 15:20:48:433 JST] 1回目
[20-09-02 15:20:48:435 JST] 2回目
[20-09-02 15:20:48:437 JST] 3回目
[20-09-02 15:20:48:439 JST] 4回目
[20-09-02 15:20:48:440 JST] 5回目

1から5まで5回実行された

for文は配列との相性が良いです。条件式に配列の個数を取得する.lengthを使うと配列の要素数が変わっても柔軟に対応できます（リスト3）。

リスト3　　条件式に配列.lengthを使用したfor文

```
function myFunction() {
```

GASの基礎知識と用語解説

2

```
  const brothers = ["一郎", "二郎", "三郎"];
  console.log( "要素の数:" + brothers.length ); // 要素の数: 3
  for( let i=0; i<brothers.length; i++ ){
    console.log( brothers[i] );
  }
}
```

　ここでのfor文は「カウンタ変数iを宣言して初期値を0とし、iがbrothersの要素数より小さい場合は処理を実行し、実行後はiに1を足す」という命令になります（画面3）。

▼**画面3 実行結果**

```
ログ

[20-09-02 15:33:34:879 JST] 要素の数:3
[20-09-02 15:33:34:881 JST] 一郎
[20-09-02 15:33:34:882 JST] 二郎
[20-09-02 15:33:34:883 JST] 三郎
```

配列の要素と同じ数だけ実行
されたので、配列の要素をす
べてログに出力できたね

for … of文

　配列の繰り返し処理を行う場合には、for…of文も便利ですので紹介します。
　for…of文は、forに続く括弧の中に、「let 変数名 of 配列名」という形式で記述します。こうすることで配列の要素を1つずつ順番に変数に代入して処理を実行します。
　先ほどの例をfor…of文で書くとリスト4のようになります。

リスト4　　for…of文を使う

```
const brothers = ["一郎", "二郎", "三郎"];
for( let brother of brothers ){
  console.log( brother );
}
```

　カウンタ変数を使い「brothers[i]」のように配列の要素を指定していた部分が、「brother」で要素を取得できるようになりました。コードもスッキリして少し読みやすくなった感じがしますね。

break文

　繰り返し処理の中で、処理を途中で中断したい時もあると思います。そのようなときは、break文を使います。さっそくサンプルを見てみましょう（リスト5）。

リスト5　break文で繰り返し処理を中断する

```
function myFunction() {
  for( let i=0; i<10; i++ ){
    if( i === 5 ) break;
    console.log( i );
  }
}
```

　こちらのfor文は、「カウンタ変数iの初期値を0とし、iが10未満なら処理をして、処理後にiに1を加算する」という命令なので、そのままであれば10回処理されるはずですが、iが5のときにbreak文によって途中でループを抜けますので、その後の処理は実行されません（画面4）。

▼**画面4 実行結果**

```
ログ

[20-09-02 23:29:22:689 JST] 0
[20-09-02 23:29:22:692 JST] 1
[20-09-02 23:29:22:694 JST] 2
[20-09-02 23:29:22:696 JST] 3
[20-09-02 23:29:22:698 JST] 4
```

for文は10回繰り返す命令になっていても、break文があったら、そこで繰り返し処理が中断してしまうんだ

continue文

　繰り返しの途中で処理を中断し、ループ自体を終了するのがbreak文でした。これに対して、繰り返しの途中で処理を中断し、次の繰り返し処理に進むのがcontinue文です。

　continue文は、break文と違って、繰り返し処理自体は終了しません。こちらもサンプルから見てみましょう（リスト6）。

リスト6　途中でやめて次に進むcontinue文

```
function myFunction() {
  for( let i=0; i<10; i++ ){
```

```
      if( i === 5 ) continue;
      console.log( i );
    }
  }
```

さきほど break文の説明で使用したスクリプトの「break」の部分を「continue」に書き換えてみました。

カウンタ変数iが5のときだけ後の処理が実行されていないのがわかります（画面5）。

▼**画面5　実行結果**

```
ログ

[20-09-13 14:49:22:052 JST] 0
[20-09-13 14:49:22:055 JST] 1
[20-09-13 14:49:22:056 JST] 2
[20-09-13 14:49:22:058 JST] 3
[20-09-13 14:49:22:059 JST] 4
[20-09-13 14:49:22:061 JST] 6
[20-09-13 14:49:22:062 JST] 7
[20-09-13 14:49:22:064 JST] 8
[20-09-13 14:49:22:065 JST] 9
```

ログを見ると5だけ抜けているのがわかるね

ログを出力する文の前にあるcontinue文が処理されたんだね

● **多重ループの中のbreak文**

複数範囲のスプレッドシートのデータを取得すると2次元配列になっていることもあり、GASでは2重で繰り返し処理を行う機会は多くあります。ループの中でさらにループすることを**多重ループ**といいます。

さて、ここで問題です。多重のループの中でbreak文を使ったらどうなるでしょうか。二次元配列valuesを作成して、そのうちの1つの要素に文字列で「宝箱」を入れました。

1つずつ要素を調査して宝箱が入った要素を探す処理を2重のループを使ってつくってみましょう（リスト7）。

リスト7　　内側のループを抜けるbraak文

```
function myFunction() {
  const values = [
    ["空箱","空箱","空箱"],
    ["宝箱","空箱","空箱"],
```

```
      ["空箱","空箱","空箱"]
    ];
    // 外側のループ
    for( let i=0; i<values.length; i++ ){
      console.log( i + "行目の調査を開始");
      // 内側のループ
      for( let j=0; j<values[j].length; j++ ){
        console.log( i + "行目の" + j + "列を調査中");
        if( values[j] === "宝箱" ){
         console.log( i + "行目の" + j + "列で宝箱発見！");
         break;
        }
      }
    }
  }
```

　外側のループでカウンタ変数iを使用していますので、内側のループではカウンタ変数jを使用します。

　宝箱を発見したらbreak文で処理を中断するようにしました。実行した結果が画面6になります。

▼画面6 実行結果

ログ

[20-09-03 05:45:38:774 JST] ■0行目
[20-09-03 05:45:38:776 JST] 0行目の0列を調査
[20-09-03 05:45:38:777 JST] 0行目の1列を調査
[20-09-03 05:45:38:779 JST] 0行目の2列を調査
[20-09-03 05:45:38:780 JST] ■1行目
[20-09-03 05:45:38:781 JST] 1行目の0列を調査
[20-09-03 05:45:38:782 JST] 1行目の0列で宝箱発見！
[20-09-03 05:45:38:783 JST] ■2行目
[20-09-03 05:45:38:785 JST] 2行目の0列を調査
[20-09-03 05:45:38:786 JST] 2行目の1列を調査
[20-09-03 05:45:38:788 JST] 2行目の2列を調査

1行目で宝箱を見つけたのに2行目からの処理が続けられているね

　ログを見てみると、宝箱の発見をした後も、2行目の処理を行っていますね。
　break文は、そのまま使うともっとも内側のループを中断します。なので、外側のループは

そのまま処理が続けられます。

　このままだとせっかく宝箱を発見しても無駄な処理が続いてしまいますね。外側のループの処理も同時に中断したい場合は、ブロックに名前（ラベル）をつけて抜けるループを指定できます（リスト8）。

リスト8　ラベルがついたループを抜けるbreak文

```javascript
function myFunction() {
  const values = [
    ["空箱","空箱","空箱"],
    ["宝箱","空箱","空箱"],
    ["空箱","空箱","空箱"]
  ];
  // 外側のループ
  outer_loop:
  for( let i=0; i<values.length; i++ ){
    console.log("■" + i + "行目");
    // 内側のループ
    inner_loop:
    for( let j=0; j<values[i].length; j++ ){
      console.log( i + "行目の" + j + "列を調査");
      if( values[i][j] === "宝箱" ){
        console.log( i + "行目の" + j + "列で宝箱発見！");
        break outer_loop;
      }
    }
  }
}
```

　外側のループと内側のループにそれぞれ「outer_loop」、「inner_loop」というラベルを付けました。ラベルはfor文のブロックの前に、ラベル名とコロン（:）を記述します。

　さらに、break文では、「break」の後ろに処理から抜けたいラベル名（outer_loop）を追加しました。これで外側のループも同時に中断して抜けることができます。

　ログを見てみましょう（画面7）。

▼**画面7　実行結果**

ログ

[20-09-03 05:53:56:188 JST] ■0行目
[20-09-03 05:53:56:190 JST] 0行目の0列を調査
[20-09-03 05:53:56:192 JST] 0行目の1列を調査
[20-09-03 05:53:56:193 JST] 0行目の2列を調査
[20-09-03 05:53:56:195 JST] ■1行目
[20-09-03 05:53:56:196 JST] 1行目の0列を調査
[20-09-03 05:53:56:198 JST] 1行目の0列で宝箱発見！

宝箱を発見した時点で繰り返し
処理を中断できたね

宝箱を発見したら調査を終了しているのがわかりますね。

　繰り返し処理と繰り返し処理を中断するbreak文、途中で次に進むcontinue文を説明しました。大量のデータを扱うときに繰り返し処理は必須ですので、いろいろ実験しながら使ってみてください。

2-17 標準ビルトインオブジェクトとDateオブジェクト

標準ビルトインオブジェクトとは

JavaScriptには、文字列や数値、日付、配列などさまざまな処理を行うためのオブジェクトがいくつも用意されていて、これらは**標準ビルトインオブジェクト**と呼ばれます。

標準ビルトインオブジェクトの中でもGASを使っていく上で重要なオブジェクトの1つに、日付や時間を扱うDateオブジェクトがありますのでここで紹介します。

Dateオブジェクトとは

Dateオブジェクトは、JavaScriptで日時を扱うためにあらかじめ用意されているオブジェクトです。現在の日時を取得したり、任意の日時を設定したりできます。

Dateオブジェクトの使い方

最初にDateオブジェクトを生成します。
現在の日時でDateオブジェクトを生成する場合は下のようにします。

```
let date = new Date();
```

日付や時刻を指定する場合は、以下のように括弧の中に決められた形式でデータを入れて生成します。

```
birthday = new Date('1995-12-17T03:24:00') // 1995年12月17日3時24分0秒
birthday = new Date(1995, 11, 17)          // 1995年12月17日0時0分0秒
birthday = new Date(1995, 11, 17, 3, 24, 0)  // 1995年12月17日3時24分0秒
```

なお、JavaScriptの場合、月は0から始まりますので、12月にしたいときは、12から1を引いて11を指定します。

Dateオブジェクトのメソッド

続いて、生成した日時の情報にアクセスしてみましょう。Dateオブジェクトにはさまざまなメソッドが用意されています（リスト1、画面1）。

> **リスト1** Dateオブジェクトのメソッドを利用する

```
function myFunction() {
  const today = new Date(); // Dateオブジェクトの生成
```

GASの基礎知識と用語解説

```
    const year = today. getFullYear(); // 年
    const month = today.getMonth() + 1; // 月 (1を足す)
    const date = today.getDate(); // 日
    const hour = today.getHours(); // 時
    const min = today.getMinutes(); // 分
    const sec = today.getSeconds(); // 秒
    console.log(`${year}年${month}月${date}日 ${hour}時${min}分${sec}秒
`);
  }
```

▼**画面1　実行結果の例**

ログ

[20-09-04 06:17:58:037 JST] 2020年9月4日 6時17分58秒

一つひとつメソッドを使うと
少し手間がかかるね

指定した形式で文字列にする

　画面1の例のように、JavaScriptで日時をきれいな文字列にすることは少し手間がかかるものなのですが、GASでは簡単に指定したフォーマットの文字列にする方法があります。

書式

```
Utilities.formatDate(Dateオブジェクト，タイムゾーン，任意のフォーマット);
```

　任意のフォーマットに利用できる文字をまとめると表1のようになります。

▼**表1　フォーマットで指定できる文字列と要素**

文字	要素
y	年
M	月
d	日
E	曜日
H	時 (0-23) 24時間制
h	時 (1-12) 12時間制
a	AM/PM
m	分
s	秒
S	ミリ秒
z	タイムゾーン

2

さっそくこちらを使って日時の文字列を整えてみましょう（リスト2、画面2）。

リスト2 Utilities.formatDateを使う

```
function myFunction() {
  const today = new Date();
  const dateStr = Utilities.formatDate(today, 'Asia/Tokyo' , 'y年M月d
日H時m分s秒');
  console.log( dateStr ); // 2020年9月4日6時53分34秒
}
```

▼**画面2 実行結果の例**

```
ログ

[20-09-04 06:53:34:676 JST] 2020年9月4日6時53分34秒
```

簡単に日付の文字列を
取得できたね

● 曜日を日本語にする

曜日は基本的に英語表記になってしまうのですが、日本語で表示したい場合は配列を使用
します（リスト3）。

リスト3 曜日を日本語にする

```
function myFunction() {
  const dayOfWeekStr = ["日","月","火","水","木","金","土"];
  const date = new Date();
  const day = date.getDay();
  console.log( dayOfWeekStr[day] + "曜日"); // 実行した日の曜日を出力
}
```

● ミリ秒って何？

1秒の1000分の1の単位をミリ秒といいます。1秒＝1000ミリ秒です。

JavaScript の日時は、基本的に協定世界時 (UTC) の1970年1月1日深夜0時からの経過ミ
リ秒数で指定されます。

Date.now()で現在時刻の数値、つまりUTC の 1970 年 1 月 1 日 00:00:00 から経過したミリ
秒を表す数値を返します。

```
console.log(Date.now()); // 1599324948002
```

狙った日付を取得する

　GASを使って明日のスケジュールを取得したり、先月分（1日から末日）のデータを取得したり、というように、Dateオブジェクトの出番はとても多いです。

　スクリプトを作成するときによく使うものをまとめましたのでぜひチェックしてみてください（リスト4、画面3）。

リスト4　狙った日付を取得する方法まとめ
【注意】サンプルでは、便宜上、再宣言が可能なvarで変数を宣言しています

```javascript
function dateTest(){
  // 今日
  var date = new Date();
  console.log("今日: " + date);
  // 今日の0時0分0秒
  var date = new Date();
  date.setHours(0, 0, 0, 0); // 時刻をセット
  console.log("今日の0時: " + date);
  // 明日
  var date = new Date();
  date.setDate(date.getDate() + 1); // 日付に1を足す
  console.log("明日: " + date);
  // 昨日
  var date = new Date();
  date.setDate(date.getDate() - 1); // 日付から1を引く
  console.log("昨日: " + date);
  // 今月の1日
  var date = new Date();
  date.setDate(1); // 日付を1日にする
  console.log("今月の1日: " + date);
  // 先月の末日
  var date = new Date();
  date.setDate(0); // 日付を0にすると前月の末日になる
  console.log("先月の末日: " + date);
  // 先月の1日
  var date = new Date();
  date.setMonth(date.getMonth() - 1); // 月に1を引いて前月にする
  date.setDate(1); // 日付を1日にする
  console.log("先月の1日: " + date);
  // 来月の1日
  var date = new Date();
  date.setMonth(date.getMonth() + 1);
```

```
        date.setDate(1);  // 日付を1日にする
        console.log("来月の1日: " + date);
        // 今月の末日
        var date = new Date();
        date.setMonth(date.getMonth() + 1); // 月に1を足して来月にする
        date.setDate(0);  // 日付を0にすると前月の末日になる
        console.log("今月の末日: " + date);
    }
```

▼**画面3　実行結果の表示例**

ログ

[20-09-05 09:38:26:829 JST] 今日: Sat Sep 05 2020 09:38:26 GMT+0900 (日本標準時)
[20-09-05 09:38:26:832 JST] 今日の0時: Sat Sep 05 2020 00:00:00 GMT+0900 (日本標準時)
[20-09-05 09:38:26:833 JST] 昨日: Fri Sep 04 2020 09:38:26 GMT+0900 (日本標準時)
[20-09-05 09:38:26:834 JST] 今月の1日: Tue Sep 01 2020 09:38:26 GMT+0900 (日本標準時)
[20-09-05 09:38:26:835 JST] 先月の末日: Mon Aug 31 2020 09:38:26 GMT+0900 (日本標準時)
[20-09-05 09:38:26:837 JST] 先月の1日: Sat Aug 01 2020 09:38:26 GMT+0900 (日本標準時)
[20-09-05 09:38:26:837 JST] 来月の1日: Thu Oct 01 2020 09:38:26 GMT+0900 (日本標準時)
[20-09-05 09:38:26:838 JST] 今月の末日: Wed Sep 30 2020 09:38:26 GMT+0900 (日本標準時)

画面3は2020年9月5日に実行した時のログだよ
いま実行したらどんなログが表示されるかな？

　setDate(1)で、日付を1にセットすればその月の1日になります。

　setDate(0)で、日付を0にセットすれば前月の末日になります。

　時刻も指定したい場合は、7行目のようにsetHours()メソッドを使用します。setHours()メソッドは、文字どおり時間を指定できるだけでなく、setHours(時,分,秒,ミリ秒)という形式で時、分、秒、ミリ秒を一度に指定できます。

●なんだか日付がおかしいときはタイムゾーンを確認

　「今日の日付を取得したいのに、昨日の日付になっている」ということがあります。その場合は、GASのタイムゾーン設定を確認しましょう。

　メニューからファイル > プロジェクトのプロパティ をクリックします（画面4）。

▼**画面4 ファイルメニューからプロジェクトのプロパティをクリック**

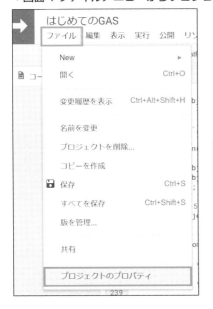

同じスクリプトエディタ内で
扱っているGASファイルやト
リガーなどの集まりをプロ
ジェクトと呼ぶよ

　プロジェクトのプロパティの一番下にタイムゾーンの欄がありますので、日本時間で実行
したいのであれば、「(GMT+09:00) 東京」を選択して保存しましょう（画面5）。

▼**画面5 プロジェクトのプロパティの一番下にタイムゾーン欄がある**

プロパティ	値
名前	はじめてのGAS
説明	
最終更新日	2020-09-02T20:54:04.877Z
プロジェクト キー	
スクリプト ID	
SDC キー	
タイムゾーン	(GMT+09:00) 東京

プロジェクトのプロパティ

情報　スコープ　スクリプトのプロパティ

保存　キャンセル

Google本社があるカリフォルニア州のタイムゾーン太
平洋時間（PDT、PST）が指定されていることがあるよ

2-18 トリガー

業務自動化の要となるトリガー機能

GASを利用する大きなメリットの1つがトリガー機能です。トリガー機能を使ってさまざまなパターンの自動化を実現できます。ここではトリガー機能について説明します。

トリガーとは？

トリガー（trigger）は日本語に訳すと「引き金」です。銃の引き金を引くと弾が飛び出すように、何かが起きる「きっかけ」という意味があります。

GASでは、トリガー機能を使って関数を自動実行するように設定できます。毎日同じ時間に処理を実行したり、Chatworkからメッセージが届いたら自動で返信したり、トリガー機能を使うことで活用の幅が大きく広がります。

実際の活用事例は本書のサンプルスクリプトで解説しています。ここでは概要について説明します。

まず、GASには、**シンプルトリガー**と**インストーラブルトリガー**の2種類があります。

シンプルトリガー

あらかじめ決められた関数名でスクリプトを作成することによって設置できるトリガーです。

主なシンプルトリガーは次の表のとおりです（表1）。

▼表1　主なシンプルトリガーの機能

onOpen(e)	スプレッドシート、ドキュメント、スライド、フォームを開いたときに実行される
onEdit(e)	スプレッドシートを変更したときに実行される
doGet(e)	Webアプリケーションにアクセスがあったとき、またはGETリクエストがあったときに実行される
doPost(e)	WebアプリケーションにPOSTリクエストがあったときに実行される

doGetとdoPostはスクリプトを「Webアプリケーションとして導入」することで利用できます。本書ではチャットボットを作成するサンプルスクリプトでdoPostを使用します。

インストーラブルトリガー

スクリプトエディタから「現在のプロジェクトのトリガー」ボタンをクリックし、トリガーの管理画面から設定するトリガーです（画面1）。

GASの基礎知識と用語解説

▼**画面1 現在のプロジェクトのトリガーボタン**

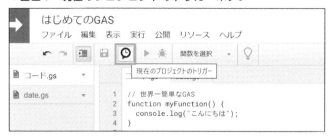

時計のマークをクリック
しよう

プロジェクトのトリガーの管理画面が表示されます。

画面2の右下の［トリガーを追加］ボタンをクリックします。

▼**画面2 トリガーの管理画面**

トリガーは複数個追加
できるよ

GASの基礎知識と用語解説

2

2

　トリガーの追加画面が表示されます。実行する関数やイベントのソースを選択できます（画面3）。

▼画面3　トリガーを追加する画面

> はじめての**GAS**のトリガーを追加
>
> 実行する関数を選択　　　　　　　　エラー通知設定　　　＋
>
> myFunction　　　　▼　　　　　　毎日通知を受け取る　▼
>
> 実行するデプロイを選択
>
> Head　　　　▼
>
> *イベントのソースを選択*
>
> 時間主導型　　　　▼
>
> 時間ベースのトリガーのタイプを選択
>
> 時間ベースのタイマー　▼
>
> 時間の間隔を選択（時間）
>
> 1時間おき　　　　▼
>
> キャンセル　　保存

> さまざまな条件でトリガーを
> 設定できそうだね

　イベントのソースは、スタンドアロン型の場合は「時間主導型」と「カレンダーから」から選択できます。

　コンテナバインド型の場合は、さらに紐付いているファイル形式によって次の表2のイベントの種類が利用可能になります。

▼表2　コンテナバインド型で使用できるイベントの種類

	スプレッドシート	ドキュメント	スライド	フォーム
起動時	○	○	×	○
編集時	○	×	×	×
変更時	○	×	×	×
フォーム送信時	○	×	×	○

　イベントのソースで時間主導型を選択した場合に選択できる、時間ベースのトリガーのタイプは表3のとおりです。

▼表3　時間ベースのトリガーのタイプ

トリガーのタイプ	選択項目
特定の日時	任意の日時を指定する
分ベース	1分/5分/10分/15分/30分おき
時間ベース	1時間/2時間/4時間/6時間/8時間/12時間おき
日付ベース	1時間単位で実行する時間帯を選択
週ベース	曜日と1時間単位で実行する時間帯を選択
月ベース	日付（1～31日）と1時間単位で実行する時間帯を選択

● 時間主導型トリガーの注意点

　定期的に実行する時間主導型のトリガーは時間ぴったりに実行するということができません。

　例えば、1時間おきに実行する時間ベースのタイマーの場合、その時間帯の中でいつ実行されるかは実行されるまでわかりません。ですので、特定の時刻ぴったりに実行することが求められるようなスクリプトは作成が困難です。

　分ベースのタイマーで1分おきに設定すれば誤差を1分以内にすることができます。しかし、1時間に60回×24時間で1日に1440回実行されることになるため、処理内容によってはGASの制限に引っかかる可能性がありますので注意しましょう。「GASの制限」については2-21節で説明していますので、詳しくは2-21節を参照してください。

　なお、定期的に実行する時間主導型のトリガーは、実行される時刻は指定できないものの、実行から次の実行までの間隔はかなり正確です。例えば、1日おきに実行する日付ベースのタイマーの場合、トリガーを再度編集しない限り、毎日ほぼ同時刻に実行されます。

2

GASの基礎知識と用語解説

● 改行コードとテンプレートリテラル

文字列は、これまでシングルクォーテーション（'）とダブルクォーテーション（"）を使う方法を紹介してきました。

ここでは複数行の文字列をつくるために必要な改行コードとテンプレートリテラルを紹介します。

● 改行コード

文字列を改行したいときは、バックスラッシュ（\）と小文字のnを使って「\n」と記述します（リスト1、画面1）。

リスト1 改行コードを使う

```
function myFunction() {
  const message = "こんにちは。\n今日はいい天気ですね。";
  console.log( message );
}
```

▼**画面1** 実行結果

```
ログ

[20-09-13 18:12:41:548 JST] こんにちは。
今日はいい天気ですね。
```

改行コードの場所で改行されているね

● テンプレートリテラル

改行コードを使えば複数行の文字列を作成できますが、スクリプト上では改行されないため少し見づらいですよね。

次に紹介する**テンプレートリテラル**は、複数行の文字列をスクリプト上でそのまま改行を使って記述できます。さらに、変数などの文字列を挿入できる機能もあって、とても便利な記述方法です。

GASの基礎知識と用語解説

2

> **書式**
>
> ```
> const  = `文字列…${ 変数名 } …
> … 文字列…`;
> ```

　テンプレートリテラルは、文字列をバッククォート（ ` ）で囲みます。バッククォートは [Shift] キー＋ [@] キーで入力できます。

　変数の文字列を挿入する場合は「$｛変数名｝」で記述します。実際に使ってみましょう（リスト2）。

リスト2　テンプレートリテラルを使う

```
function myFunction() {
  const companyName = "株式会社GAS";
  const name = "瓦斯太郎";
  const message = `${ companyName }
${name} さま

お世話になっております。`;
  console.log( message );
}
```

　会社名と担当者名を変数に入れてテンプレートリテラルに挿入してみました。これを実行すると画面2のようになります。

▼画面2　実行結果

> ログ
>
> [20-09-13 19:12:58:585 JST] 株式会社GAS
> 瓦斯太郎さま
>
> お世話になっております。

変数の部分がしっかり
反映されているね

　テンプレートリテラルはメールの本文をつくるときに重宝します。複数行にわたる文章も見やすいですし、宛先の会社名や担当者名を変数で挿入する部分もわかりやすいですね。

2-20 Web API

異なるシステム間でデータをやりとりするWeb API

　APIとはアプリケーション・プログラミング・インタフェース（Application Programming Interface）の略で、異なるシステム間でデータをやりとりする方法です。このやりとりをWeb上で実現しているものは**Web API**と呼ばれます。

　最近では海外でも広く利用されているようなWebサービスはそのほとんどがWeb APIを公開しています。TwitterのAPIならツイートの取得や投稿ができますし、ChatworkやSlackのAPIならメッセージの取得や送信、暗号資産（仮想通貨）取引所のAPIならビットコインの売買もできたりします。ビジネス向けではkintoneやマネーフォワードなどとも連携できます。

　GASなら便利なWeb APIを簡単に利用ができますし、トリガー機能を使っていろいろな処理を自動化することができます。本書では主にチャットツール（ChatworkとSlack）との連携サンプルを紹介していますが、他のWeb APIとも連携できますし、アイディア次第で活用の幅が無限に広がりますので、ぜひお使いのWebサービスでも利用できないか確認してみてください（図1）。

図1　Web APIで繋がるGASのイメージ（再掲）

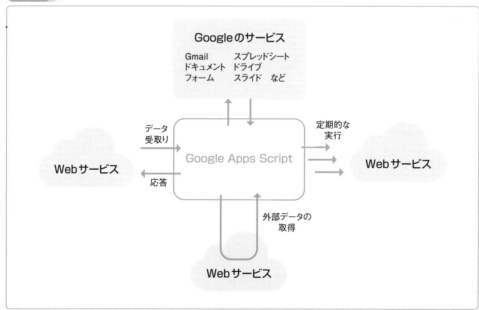

2-21 GASの制限

便利なGASだけど制限もある

GASは無料で便利に使える一方で、さまざまな制限も設定されています。

有名なものの1つが、「6分の壁」です。GASの1回の実行時間は6分までとなっており、6分を過ぎると処理が中断されて終了します。

有料のGoogle Workspaceを契約しても制限がなくなるわけではありませんが、Google Workspaceのプラン毎に制限が緩和される項目があります。

スクリプトは間違っていないはずなのに、なぜか謎のエラーが出るというときは、GASの制限に引っかかっているかもしれません。

2020年9月時点での1日の割り当てと制限は表1、2のとおりです。予告なく変更される可能性がありますので、気になる方は最新の情報をご確認ください。

https://developers.google.com/apps-script/guides/services/quotas

▼表1　Googleサービスの1日の割り当て

実行する処理	無料アカウント	Google Workspace Business Starter	Google Workspace Business Standard 以上 / Enterprise Plus
カレンダーイベント作成	5,000 / 日	10,000 / 日	10,000 / 日
コンタクト作成	1,000 / 日	2,000 / 日	2,000 / 日
ドキュメント作成	250 / 日	1,500 / 日	1,500 / 日
ファイル変換	2,000 / 日	4,000 / 日	4,000 / 日
1日のメール宛先数	100 / 日	1,500 / 日	1,500 / 日
メール読み書き（送信を除く）	20,000 / 日	50,000 / 日	50,000 / 日
グループの読込み	2,000 / 日	10,000 / 日	10,000 / 日
プレゼンテーション作成	250 / 日	1,500 / 日	1,500 / 日
プロパティの読み書き	50,000 / 日	500,000 / 日	500,000 / 日
スプレッドシート作成	250 / 日	3,200 / 日	3,200 / 日
トリガーの合計実行時間	90 分 / 日	6 時間 / 日	6 時間 / 日
URL Fetch の使用回数	20,000 / 日	100,000 / 日	100,000 / 日

GASの基礎知識と用語解説

▼表2　Google Apps Scriptに関する制限

項目	無料アカウント	Google Workspace Business Starter	Google Workspace Business Standard 以上 / Enterprise Plus
スクリプト実行時間	6分 / 実行	6分 / 実行	30分 / 実行
カスタム関数実行時間	30秒 / 実行	30秒 / 実行	30秒 / 実行
同時実行数	30	30	30
メール添付ファイル数	250 / メッセージ	250 / メッセージ	250 / メッセージ
メール本文の容量	200kB / メッセージ	400kB / メッセージ	400kB / メッセージ
メール1通あたりの宛先数	50 / メッセージ	50 / メッセージ	50 / メッセージ
メール添付ファイル容量の合計	25MB / メッセージ	25MB / メッセージ	25MB / メッセージ
プロパティの値の容量	9kB / 値	9kB / 値	9kB / 値
プロパティストアの容量	500kB	500kB	500kB
トリガー数	20 / ユーザ / スクリプト	20 / ユーザ / スクリプト	20 / ユーザ / スクリプト
URL Fetchレスポンスサイズ	50MB / コール	50MB / コール	50MB / コール
URL Fetchヘッダー数	100 / コール	100 / コール	100 / コール
URL Fetchヘッダーサイズ	8kB / コール	8kB / コール	8kB / コール
URL Fetch POSTサイズ	50MB / コール	50MB / コール	50MB / コール
URL Fetch URLの長さ	2kB / コール	2kB / コール	2kB / コール

●設計で制限を回避しよう

　制限があるからといって諦める必要はありません。スクリプトの設計の仕方で回避できることがほとんどです。例えば、1回の実行時間が6分を超えそうなら、実行から5分経過したら一度処理を中断してスプレッドシートに処理結果を記録するように設計しておき、次のトリガー実行時には続きから再開する、というようなことが可能です。

2-22 作成したプロジェクトの管理

作成したGASを管理しよう

　最近は企業でもRPAが普及し始め、自動化が進んできた一方で、管理がされずに「野良ロボット」になってしまう問題も発生してきています。自動化するとその作業がなくなるため、つくった本人でもその存在を忘れてしまうことがあります。よかれと思ってつくったものが、いつの間にか悪さをしているという状況は避けたいものです。

　GASでは、下のURLにアクセスすると、自分のプロジェクトを確認することができます。

```
https://script.google.com
```

　現在設定されているすべてのプロジェクトのトリガーや、実行結果を一覧で確認することができますので、スクリプトの動作状況を管理したり、使用していないトリガーを削除したりするのに役立ちます（画面1）。

▼画面1　GASのプロジェクト一覧

	Google Apps Script		Q プロジェクト名を検索		::: ●
	＋ 新しいプロジェクト	自分のプロジェクト		9 個のプロジェクトを表示しています	
		プロジェクト	オーナー	最終更新	
	☆ スター付きのプロジェクト	はじめてのGAS	自分	14:49	
	□ 自分のプロジェクト	問合せボット	自分	2020/08/26	
	□ すべてのプロジェクト	メールを送信する	自分	2020/08/18	
	👥 共有済み	レポート送信	自分	2020/08/16	
	🗑 ゴミ箱	チャット予約投稿	自分	2020/08/15	
		フォーム送信通知	自分	2020/08/15	
	(-) 実行数	予定を通知	自分	2020/08/14	
	⏱ マイトリガー	フォルダ更新通知	自分	2020/08/09	
		Gmailをチャットに通知	自分	2020/08/09	
	▶ はじめに				
	⚙ 設定				
	⚠ サービスのステータス				

左側のメニューでトリガーや最新の実行結果も確認できるよ
定期的にチェックしておこう

GASの基礎知識と用語解説

第3章 実用的なコードを書くための3つのポイント

本章では、実際のコードを書くときに意識するべきポイントを3つにまとめてご紹介します。

3-1 実用的なコードを書こう

GASを仕事で使うときの心構え

前章ではGASのプログラミングに必要な最低限の知識を解説しました。この後の章はサンプルスクリプトを使用して実際のプログラミングを行っていきますが、その前に、ぜひ覚えておいていただきたいポイントがあります。

GASは一度つくったら終わりではない

GASを使って仕事を効率化したいと思っている方が多いと思います。GASは一度つくってしまえば同じ処理を繰り返し実行できますが、新しい業務フローが追加されたり、取引先からの要望に応じたりして、要件が変わり、修正が必要になることもあるでしょう。

業務においては、作業内容が変わることはよくあることです。作業内容に変更がある度に最初からGASをつくり直していたのでは、かえって効率が下がります。GASのコードにもさまざまな変化に対応できる柔軟性が必要です。

GASは属人化を招きやすい

GASは現場担当者のレベルで作成や実行ができるのがメリットですが、個人レベルで何でもできてしまうのと、そもそもGASを触ったことのある方が少ないため、GASをつくる仕事自体が属人化しやすいというデメリットもあります。

例えば、前の担当者がGASで効率化や自動化を行ったが、後任が扱いきれずにすべての作業が元に戻ってしまったというのはよくある話です。担当者が変わっても利用を継続できるように、引き継ぎが容易で、誰にでもわかりやすいコードである必要があります。

このように、仕事で使うからこそ実用的なコードに仕上げることが重要です。つくったGASがチームや組織の資産となるように、意識すべきポイントを次の3つにまとめました。

- 読みやすくする（3-2節で解説）
- 使い回せる（3-3節で解説）
- 設計図を描く（3-4節で解説）

次節以降、1つずつ例を示しながら説明していきます。

3-2 読みやすくする

仕事で使うからこそ読みやすくしよう

ポイント1つめは「読みやすくする」です。コードを書くときは他の人でも容易に解読できるようにしましょう。GASを仕事で使うのであれば、他の方が見ても内容がわかるようにすべきですし、何か不具合が見つかったときにも修正がしやすくなります。

読みやすくするための方法としては、さらに3つのポイントがあります。本節で順に見ていきましょう。

・カッコいい書き方は考えなくていい
・命名ルールを決めておく
・コメントは多めに入れる

カッコいい書き方は考えなくていい

プログラミングの世界では、結果が同じになるものでもさまざまな書き方があります。見た目にも「美しい！」と思うようなコードもありますし、「ショートハンド（短縮記法）」という、通常だと長くなってしまうようなコードを短く書く方法もあります。

しかし、最初からカッコいい書き方を意識する必要はまったくありません。

ダンスに例えると、最初からカッコよくダンスを踊れる人はいませんし、基本が身についていない人が難しいダンスに挑戦してもうまくいきません。プログラミングも同じで、基本がわかっていないままカッコいい書き方に挑戦しようとすると混乱します。まずは基本の書き方を着実に身につけていきましょう。

ちなみに、どんな書き方があるか気になる方は「ショートハンド JavaScript」でGoogle検索するとたくさんでてきます。カッコいい書き方は後でいつでも身につけられますので、一通りスクリプトがつくれるようになって余裕がでてきたら、ぜひ確認してみてください。

命名ルールを決めておく

変数や関数は自由に名前を決められますが、よく考えずに名前を付けると、他人がコードを見たときはもちろん、自分自身でも何かわからなくなることがあります。リスト1の例を見てみましょう。上の3行と下の3行は同じ結果になりますが、変数名だけ変えています。どちらがわかりやすいでしょうか。

| リスト1 | 変数の名前はわかりやすくする |

```
const x1 = "佐藤";
const x2 = "犬";
console.log(`${x1}さんは${x2}を飼っています`);

const name = "佐藤";
const animal = "犬";
console.log(`${name}さんは${animal}を飼っています`);
```

やはり、名前を入れる変数なら name 、動物を入れる変数なら animal とするとわかりやすいですよね。

変数や関数などの命名についても客観的にわかりやすくするためのお作法があります。

● なるべく英単語を使用する

コードの中では英単語を使用しましょう。日本語を使おうとするとローマ字に変換することになりますが、「shubetsu」と「syubetu」など統一できずに不要なバグを生んでしまったりします。

● 勝手に略さない

なるべく英単語を使用するという話をしましたが、英単語は長いものもあります。そんな時には省略したくなりますし、プログラミングの世界でも略語はたくさんありますが、その省略の仕方が一般的かどうかは確認した方が良いでしょう。自分では意味がわかっても他の人から見たら暗号にしか見えないことが多々あります。

ちなみに、略語が一般的かどうかを確認できるサイトがあります。検索窓に略語を入力して「Find」ボタンを押すと、その略語が意味するワードとともに、その略語が一般的かを5段階の星で評価してくれます。該当するワードが★5つだったら使ってみても良いでしょう。

● AcronymFinder

https://www.acronymfinder.com/

実用的なコードを書くための3つのポイント

3

 **Column** 予約語

　基本的に変数や関数は自由に命名できますが、変数名に使用できない「予約語」というものが存在します（表）。当たり前といえば当たり前ですが、「if」や「function」などプログラミングの命令などで使用するワードは変数や関数の名前に使用できません。頭の片隅に入れておきましょう。

▼表　予約語の例

break	export	super
case	extends	switch
catch	finally	this
class	for	throw
const	function	try
continue	if	typeof
debugger	import	var
default	in	void
delete	instanceof	while
do	new	with
else	return	yield

3

実用的なコードを書くための３つのポイント

3

Column キャメルケースとスネークケース

　英語1単語だけで表現できない場合、複数の単語をスペースなしで繋げることが必要になります。GASを新規作成したときに最初から用意されているmyFunctionという関数は「my」と「function」という2つの単語がくっついていますね。このように複数の単語を繋げる命名方法はいくつかありますが、代表的なものは「**キャメルケース（キャメル記法）**」と「**スネークケース（スネーク記法）**」の2つです（図）。

　キャメルケースは最初の単語以外の文字の先頭を大文字にする書き方です。大文字が「らくだのこぶ」のように見えることが語源です。まさに「myFunction」がキャメルケースですね。一般的に変数名や関数名に使用されます（最初の単語も大文字にする「アッパーキャメルケース」もあります）。

　スネークケースは、**アンダースコア（_）** を区切り記号として単語をつなげる書き方です。アンダースコアがヘビのように地を這っているのを想像するとわかりやすいと思います。
　こちらは一般的に定数名に使用されます。

図 　キャメルケースとスネークケース

camel**C**ase

SNAKE_CASE

コメントを多めに入れる

　以前に作成したコードを時間が経ってから見返すと、「あれ、ここは何の処理をしているんだっけ？」となることがあります。特にコードを学び始めの頃は遠回りな書き方をしていることが多いです。コードを見ただけでやりたいことが明らかな場合は問題ないですが、初めのうちはなるべく多くコメントを残しておくといいでしょう（リスト2）。

リスト2　コメントを多めに入れる例

```
// 投稿するメッセージを代入
const message = "Chatworkをご覧の皆さん、こんにちは！";
// メッセージを送る
postChatwork(message);
```

　なお、本書のサンプルスクリプトでは、他の書籍と比較にならないくらいに多くのコメントを入れています。どんなレベルの方が見てもわかりやすく、挫折しないように配慮しています。

3

実用的なコードを書くための3つのポイント

3-3 使い回して効率化しよう

使い回せることで作業が効率化する

ポイントの2つめは「使い回せる」です。

第2章で説明したように、GASではいくらでも自分で関数をつくる（定義する）ことができます。使い回しがしやすい便利な関数をつくることで作業を効率化できます。

よく使う処理は関数にしよう

コードの作成をしていると、同じような処理を2回も3回も書いていることがあったりします。こういう時に同じ処理をしている部分を関数にするとコードもスッキリします（リスト1）。

リスト1 関数にして使い回す

```
function myFunction() {
  const a = 1;
  const b = 3;
  compare(a, b); // 3の方が大きいです
  const c = 9;
  const d = 7;
  compare(c, d); // 9の方が大きいです
}
// 2つの数字を比較してログを出力する関数
function compare(x, y){
  let message;
  if( x == y ) message = "どちらも同じです";
  else if( x > y ) message = x + "の方が大きいです";
  else if( x < y ) message = y + "の方が大きいです";
  console.log( message );
}
```

実用的なコードを書くための3つのポイント

3

よく使う関数は他のGASでも使い回す

上の例では1つのGASファイルの中で「使い回す」ことをお話ししました。

スプレッドシートを読み込む、ドライブにドキュメントを作成する、Chatworkにメッセージを投稿するなど、いろんな場面で使えそうな汎用的な関数をつくっておくと、後で他のGASを作成するときにもコピペで使い回せて便利です。

これまでつくった関数を使い回すことができると、次に同じようなGASをつくる時に大幅にスピードアップできます。つくった関数は財産になります。なるべく使い回しが効くように意識して関数をつくりましょう。

他のGASから読み込むライブラリ機能

本書では詳しく触れませんが、作成した関数を公開し、他のGASから呼び出すことができる、**ライブラリ**という機能があります。自分で作成した関数の利用もできますし、他の方が作成した関数を利用することもできます。まさに図書館（＝ライブラリ）で誰かが書いた本を読む感覚ですね。自分で作成するのが難しい処理は、誰かが作成したライブラリがないかを探してみるのも良いでしょう。

実用的なコードを書くための3つのポイント

3-4 設計図を描く

シンプルな設計が大事

ポイント3つめは「設計図を描く」です。

いきなり闇雲にコードを書き始めると頭の中がゴチャゴチャになって混乱し、結果的にすごく時間がかかったりします。やはりどんな仕事でも計画を立てることは大事です。

設計図というと難しく考えてしまうかもしれませんが、そんなにしっかりとしたものでなくて構いません。たとえば、図1のようなものを手書きするだけでも構いません。

図1　設計図を書いてみる

お勧めするのは、myFunctionを軸とした書き方です。

GASのファイルを新規作成した時に中身が空っぽのmyFunction関数が最初から記載されています。これを使っていきます。具体的には、コードがmyFunctionから始まってmyFunctionで終わるようにすると設計しやすいですし、見た目もわかりやすいです。

途中で他の関数を呼び出して寄り道をしたとしても、最後はもとのmyFunctionに戻ってく

るようにします。寄り道したまま行方不明にならないようにしましょう（図2）。

図2 行方不明になる設計図と迷わない設計図

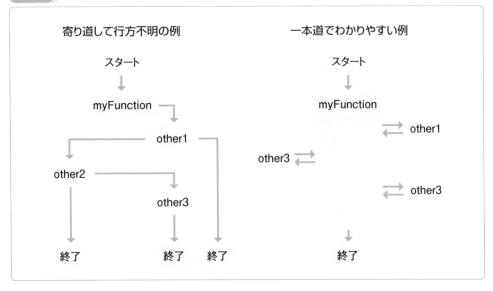

コメントで枠組みを書いてみる

設計図ができたらGASを開いて枠組みからつくっていきます。
myFunctionの中に、まずはコメントで流れを書いていきます。
設計図のとおりに書くとしたらリスト1のような感じです。

リスト1 コメントで流れを書く

```
function myFunction(){
  // スプレッドシートを読み込む

  // 1行ずつ繰り返し

  // メッセージを送る

  // 送信済みのフラグを立てる

  // 繰り返し終わり

  // スプレッドシートに書き込む

}
```

設計図のとおりにコメントを入れるだけです。簡単ですね。

まだ全然コードを書いていませんが、ここまでつくれたら全体の半分くらいできたような
ものです。あとはコメントのとおりにコードを書いていくだけです。前節で説明したように
使い回しできる関数があればコピー&ペーストが使えますのでコードを書くことも簡略化で
きます。

難しそうな部分（つくったことがない部分）から書いてみる

コメントで枠組みができたら実際にコードを書いていきましょう。

書き始める順番ですが、初めて挑戦するような機能や関数は先につくってテストしてみる
のがお勧めです。

設計図のとおりにつくってみたら、肝心なところが思ったとおり動かなくて設計からやり
直し、ということがたまにあります。最初に一番不安なところをつくって、動作を確認しな
がら進めていくと確実です。

例えば、図1の設計図でメッセージを送信する部分をつくったことがないとしたら、
「sendMessage」の部分だけ試しにつくってみましょう。うまくいったら他の部分もつくって
いきます。

少し書いたらテストする

気分が乗ってくると一気にコードを書き進めたくなることがあります。「神が降りてきた」
と感じるくらいに（笑）。しかし、テストもせずに一気に書き進めた結果、意気揚々とテスト
してみても動かないことはよくあります。そして一気に書いた分、どこで不具合が出ている
のかを突き止めるのに時間がかかってしまいます。

一気にコードを書くよりも、コードを少し書いたらテストをして、小さい範囲からバグを
見つけていきましょう。

1行を書き足す前はうまく動いたけど、1行を書き足した後にうまくいかなかった、と言う
場合は、その1行に問題が潜んでいる可能性が高いです。しかし、10行書き足した後に問題
のありそうな1行をつきとめるのは難易度が上がります（図3）。

図3 バグの中からバグを見つけてみましょう

パグパグバグパグ

パグパグパグパグ
パグパグパグパグ
パグパグパグパグ
パグパグパグパグ
パグパグパグパグ
パグパグパグパグ
パグパグパグパグ
パグパグパグパグ

1行の中からバグを見つけるよ
りも複数の行からバグを見つけ
る方が大変だよね

千里の道も一歩から。一行ずつ着実に進めましょう。ちなみに、本書では1000行もコードを書くことはありませんのでご安心ください。

実用的なコードを書くための3つのポイント

第4章

GASからメールやメッセージを送る

本章では、GASを使ってGmail
のメールと、Chatwork、Slackの
メッセージを送信する方法を説明し
ます。あわせてGASをつくってい
く基本的な手順もお伝えします。

4-1 メールを送信する

GASならメールの送信も簡単

ここからは、実践的なGASを作成するための第一歩として、メールやチャットツールにメッセージを送信する方法を解説していきます。

まずは、GASを使用してメールを送信する方法です。通常のプログラミング言語では、メールを送るためにメールサーバを構築するなどさまざまな準備が必要になりますが、GoogleにはGmailがありますので、難しい作業はなく、とても簡単にGASからメールを送ることができます。

但し、メールを送信するアカウント（送信元）はGASを実行するGoogleアカウント（Gmailアカウント）に限定されます。

GASを作成する

今回はスタンドアロン型でGASを作成します。GoogleドライブからGASを作成しましょう（画面1）。

▼**画面1　Google ドライブからGASを作成する**

Google ドライブの新規ボタンから
GAS を作成しよう

フォルダはどこでも大丈夫だよ

GASからメールやメッセージを送る

4

　GASを作成できました。画面上部に「このプロジェクトは Chrome V8 を搭載した新しい Apps Script ランタイムで実行しています。」というメッセージがでていますが、「表示しない」をクリックして消してください（画面2）。

▼**画面2　画面上部のメッセージは消してOK**

新しいランタイムで実行しているのがわかったらメッセージは消してしまおう

　左上にプロジェクト名の入力欄があり、「無題のプロジェクト」となっています。こちらをクリックして適当に名前を入力し、［OK］ボタンをクリックしてください（画面3）。

▼**画面3　プロジェクト名を変更する**

Googleドライブから見てもわかりやすい名前にしておこう

コードを入力する

次にコードを入力していきます。

空っぽのmyFunctionが入力されていますが、一旦すべて消して、次のスクリプトを入力してください（リスト1）。

リスト1 メールを送信するスクリプト

```
1  function myFunction() {
2    const mailto = "xxxxxx@gmail.com"; // 宛先メールアドレス
3    const subject = "件名です"; // 件名
4    const body = "お世話になっております。\n本文です。"; // 本文
5    GmailApp.sendEmail( mailto, subject, body ); // メールを送信
6  }
```

スクリプトが入力できたら、2行目にあるメールアドレスを送信したいアドレスに変更してください。

最後にフロッピーディスクのマークの「保存」ボタンをクリックして保存します（画面4）。

▼**画面4 スクリプトを入力して保存する**

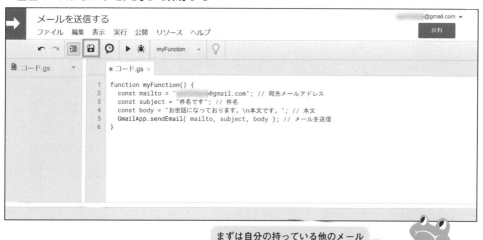

まずは自分の持っている他のメールアドレスなどでテストしてみよう

保存ができたら、関数を選択する欄でmyFunctionが選択されているのを確認して三角形の「実行」ボタンか虫のマークの「デバッグ」ボタンをクリックしてください（画面5）。

▼**画面5** 「実行」ボタンか「デバッグ」ボタンをクリックして実行する

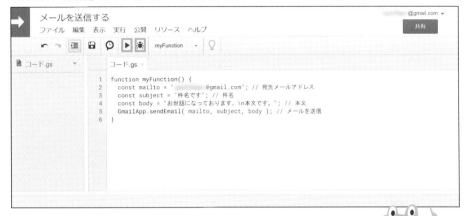

どちらのボタンでも実行できるよ

初回実行時は許可の確認画面がたくさん表示されます。

画面6のようなAuthorization required（許可が必要です）の画面が表示されたら［許可を確認］をクリックします。

▼**画面6** Authorization requiredの画面が表示されたら［許可を確認］をクリック

GASがあなたのデータにアクセスする許可を求めてますというメッセージだね

次にアカウントの選択画面が表示されます（画面7）。

ここで使用するGoogleアカウントを選択します。ここで選択したアカウントのメールアドレスがメールの送信元になります。

▼**画面7　アカウントの選択画面でアカウントをクリック**

複数のアカウントでログイン
している場合はここに複数の
アカウントが表示されるよ

　続いて、このアプリは確認されていませんという画面8のような警告が表示されたら、左下
の「詳細」をクリックします。

▼**画面8　このアプリは確認されていませんの画面が表示されたら左下の詳細をクリック**

ここが一番わかりにくいとこ
ろだね

　すると、画面9のように画面の下に「（プロジェクト名）（安全ではないページ）に移動」の
リンクが表示されますのでこれをクリックしてください。

▼**画面9** （安全ではないページ）に移動のリンクをクリック

隠されていたリンクが表示さ
れたね

4

最後に画面10のように「Googleアカウントへのアクセスをリクエストしています」の画面
が表示されますので、［許可］をクリックします。

▼**画面10** 「Googleアカウントへのアクセスを…」の画面で許可をクリック

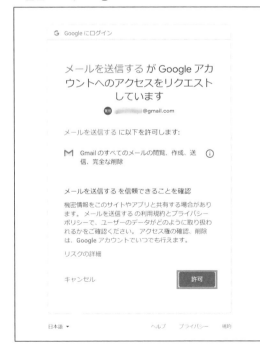

この画面にGASが要求してい
る権限の一覧が表示されるよ

今回はGmailを求めているね

スクリプトの内容によって要
求する権限が変わるよ

スクリプトが実行されたら送信先のメールを確認してみましょう。

GASからメールやメッセージを送る

メールが届いていれば成功です（画面11）。

▼画面11　送信されたメールを確認

スクリプトで指定したとおりにメールの
件名とメッセージが入っているね

　ついでに、送信したアカウント（GASを実行したアカウント）の送信済みフォルダにもちゃんと送信したメールが入っていますので確認してみてください。

スクリプトの解説

　GASでメールを送信するには、送信先、件名、本文の設定が必要になります（リスト2）。今回はわかりやすいようにそれぞれを定数として定義しています。

リスト2　メールを送信するスクリプト（再掲）

```
1  function myFunction() {
2    const mailto = "xxxxxx@gmail.com"; // 宛先メールアドレス
3    const subject = "件名です"; // 件名
4    const body = "お世話になっております。\n本文です。"; // 本文
5    GmailApp.sendEmail( mailto, subject, body ); // メールを送信
6  }
```

　GASからメールを送信するには下の構文を使います。

書式

```
GmailApp.sendEmail( 宛先メールアドレス, 件名, 本文 )
```

これに先ほどの定数を入れると5行目のようになります。

```
5    GmailApp.sendEmail( mailto, subject, body );
```

これでメールの送信ができます。

いかがでしょうか。とても簡単ですよね。

他のプログラミング言語でメールを送信するとなると、メール送信サーバを用意して…というように初心者にはなかなか大変な作業になることが多いのですが、GASはたった6行だけで送信できます。

GASもGmailもGoogleが提供していて、GoogleアカウントがGmailと紐付いていることの恩恵ですね。

余談ですが、**アロー関数**という新しい関数の書き方を利用すれば1行にもできます（リスト3）。

リスト3　　アロー関数を使って1行で書いた場合

```
const myFunction = () => GmailApp.sendEmail( "xxxxxx@gmail.com", "件名
です", "本文です。" );
```

本書ではアロー関数について触れていませんが、JavaScripitの基本をマスターしてカッコよく書きたくなったらぜひ挑戦してみてください。

ということで、今回はGASからGoogleのGmailを使ってメールを送信しました。次は外部のサービスであるChatworkとSlackにメッセージを送る方法をそれぞれ紹介していきます。

4-2 Chatworkにメッセージを投稿する

● Chatworkにメッセージを送ってみよう

前節ではGASからメールを送信する方法を説明しました。ここからはGASを使って外部のチャットツールにメッセージを送る方法を説明します。

本書では、すべてのサンプルスクリプトでChatworkとSlackの2つで利用する方法を紹介しています。どちらも使っていないという方は、無料ですのでこの機会にどちらかのアカウントを作成してみましょう。

なお、ChatworkにすべきかSlackにすべきか迷っている方は、Chatworkからはじめてみるといいでしょう。Chatworkは2020年10月末時点で289,000社以上に利用されている国産のビジネスチャットツールです。ページはすべて日本語ですし設定もシンプルです。Slackは元々海外のツールですので、まだ一部の設定画面で英語のページが表示されるなど、Chatworkに比べると設定の難易度が少し上がります。

というわけで、ここではChatworkのメッセージを送信する方法を紹介していきます。Slackをご利用の方は次節へ進んでください。

Chatworkを初めて利用される方向けに、まずはアカウントの作成方法を簡単に説明しています。すでにChatworkアカウントをお持ちの方はとばしてください。

● Chatworkのアカウントをつくる

次のURLからChatworkのWebサイトを開き、「新規登録（無料）」のボタンをクリックします（画面1）。

【ChatworkのWebサイト】

```
https://go.chatwork.com/ja/
```

GASからメールやメッセージを送る

▼**画面1** ChatworkのWebサイトで新規登録をクリックする

右上の新規登録ボタンでも
大丈夫だよ

メールアドレスを入力して［次へ進む］をクリックします（画面2）。

▼**画面2** メールアドレスを入力

最初にメールアドレスの確認
だよ

入力したメールアドレスにメールが送信されます。画面3のような画面が表示されます。

▼**画面3　メールをご確認くださいの画面**

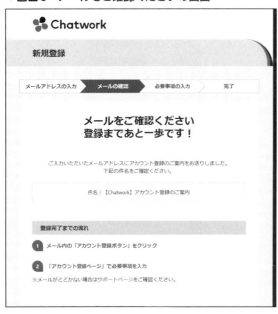

メールが届いているか確認してみよう

届いたメール内にある［アカウント登録］ボタンをクリックします（画面4）。

▼**画面4　届いたメール内のアカウント登録ボタンをクリック**

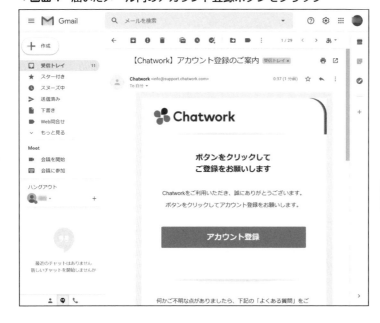

ボタンをクリックして登録の続きをしよう

　名前とパスワードを入力し、「私はロボットではありません。」にチェックをして、[同意して始める] ボタンをクリックします（画面5）。

▼**画面5　Chatworkのアカウント登録画面**

ここで名前とパスワードを
設定するよ

　画面6のような「Chatworkでつながりましょう」の画面が表示されたら、画面右上のスキップをクリックします。

▼**画面6　「Chatworkでつながりましょう」の画面をスキップ**

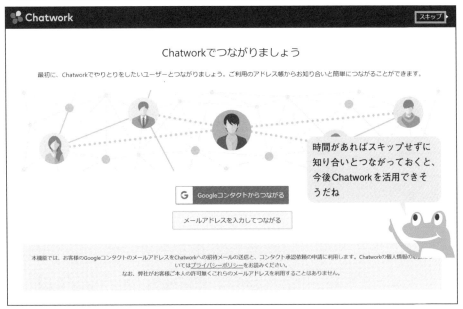

これでアカウントが作成されました。

Chatworkの設定

まずはChatworkを開きます。

右上の自分のアイコンをクリックします。すると、メニューが表示されますので、「サービス連携」をクリックします（画面7）。

▼**画面7　Chatworkのメニューから「サービス連携」を開く**

Chatworkは右上からアカウントに
関するメニューが表示できるんだね

続いて表示されたサービス連携の画面左側のメニューで「API」の下の「API Token」をクリックして、API Tokenの画面を表示します（画面8）。

▼**画面8　API Tokenの画面**

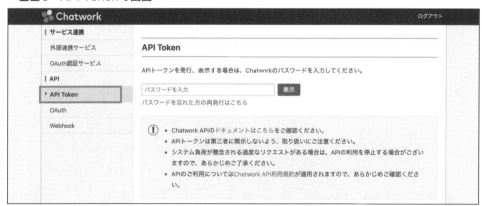

左側にサービス連携に関連する
メニューが並んでいるよ

パスワードを入力する欄に、Chatworkのログインパスワードを入力し、［表示］ボタンを
クリックします（画面9）。

▼**画面9　パスワードを入力して［表示］ボタンをクリック**

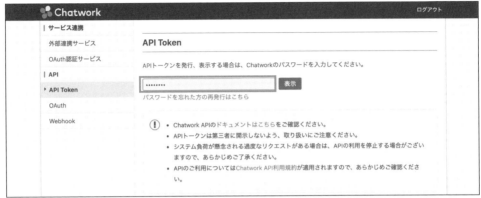

トークンは大事なものだからもう一度
パスワードを入力するんだね

画面10のようにAPI Tokenが表示されます。右にある［コピー］ボタンを押すとコピーで
きます。こちらは後ほどGASで使用します。

▼**画面10　API Tokenをコピーする**

トークンは情報流出して悪用されないよう
にしっかり管理しておこう

もし情報流出した場合はこの画面から新し
いトークンを再発行できるよ

●**API Tokenが表示されないときは？**

　Chatworkを組織で契約している場合、ユーザーがChatwork APIを利用するためには、組
織管理者への利用申請が必要となります。

GASからメールやメッセージを送る

4

管理者以外のユーザーは、APIの利用申請ページから、管理者へ申請を行ってください。

組織管理者は、「管理者設定」の「API利用申請の確認」にて、申請の承認と却下を行うことができます。

ルームIDを取得する

次にメッセージを投稿するグループチャット（チャットルーム）のルームIDを取得します。ブラウザで該当のチャットを開いてURLを確認します。

> 【URLの例】https://www.chatwork.com/#!rid9999999

URLの末尾にある「rid」に続く数字がChatworkのルームIDです（画面11）。

▼**画面11　ルームID**

こちらも後ほど利用します。

Google Apps Scriptを作成する

それではGASをつくっていきましょう。今回もスタンドアロン型で作成します。

Googleドライブを開いて（画面12）、新規ボタンから その他 > Google Apps Scriptをクリックし、GASのファイルを作成します（画面13）。

▼**画面12　Googleドライブで「新規」ボタンをクリック**

スタンドアロン型で GAS を
つくるよ

▼**画面13** Google Apps Scriptを開く

その他からGoogle Apps Scriptを選択

GASが作成されました（画面14）。

▼**画面14** スクリプトエディタが表示された

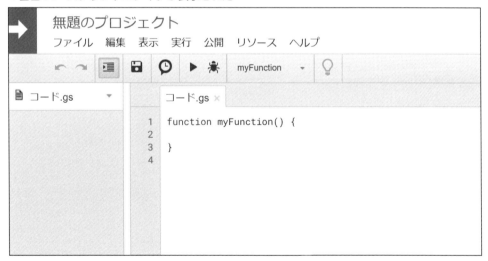

これからスクリプトエディタにスクリプトを入力していくよ

Chatworkに投稿するスクリプト

作成したGASにリスト1のスクリプトを入力しましょう。

といってもすべて自力で入力するのは大変ですので、秀和システムのサポートページから
サンプルファイルをダウンロードして、スクリプトをコピーして貼り付けてくださいね。

リスト1 Chatworkにメッセージを送る

```
1  //--- 初期設定ここから
2  const CHATWORK_TOKEN = "xxxxxxxxxxxxxxxxxxxxxxxxxxxxxxxx";
3  const ROOM_ID = "99999999";
4  //--- 初期設定ここまで
5  // メインの関数
6  function myFunction() {
7    // 投稿するメッセージを代入
8    const message = "Chatworkをご覧の皆さん、こんにちは！";
9    // メッセージを送る
10   postChatwork( message );
11 }
12 // メッセージを送信する関数
13 function postChatwork( message ){
14   const params = {
15     "headers" : {"X-ChatWorkToken" : CHATWORK_TOKEN },
16     "method" : "POST",
17     "payload" : {
18       "body" : message,
19       "self_unread" : "1"
20     }
21   };
22   const url = `https://api.chatwork.com/v2/rooms/${ROOM_ID}/messages`;
23   UrlFetchApp.fetch(url, params);
24 }
```

初期設定して実行する

2～3行目にある""の中に、先ほど確認したChatwork APIトークンとルームIDをコピーし
て貼り付けてください。

APIトークンとルームIDが入力できたら関数の選択欄で「myFucntion」を選択し、三角
の実行ボタンを押してGASを実行します（画面15）。

初回は許可の確認画面が表示されますので、前節の109～111ページと同様に実行するユー
ザーの選択や、許可をしていってください。

▼**画面15　myFuctionを実行**

虫のマークのデバッグ実行
ボタンでも実行できるよ

スクリプトが実行され、Chatworkにメッセージが投稿されたら成功です（画面16）。

▼**画面16　実行結果**

Chatworkにメッセージが
投稿されたね

スクリプトの解説

それではスクリプトの中身を確認していきましょう。

関数myFunction（6〜11行目）

8行目では、変数messageを宣言して投稿するメッセージを代入しています。

今後スクリプトを作成するときにメッセージ送信の部分を再利用できるよう、Chatworkのメッセージを送信する部分を別の関数に切り出しました。

10行目で、引数にmessageを入れて関数postChatworkを呼び出しています。

関数postChatwork（13〜24行目）

messageを引数として受け取ります。

14〜21行目では、オブジェクトparamsの中括弧 { } の中に投稿で必要なプロパティを指定しています。

22行目で定数urlにChatwork APIで指定のルームへメッセージを送るためのURLを代入し、23行目でデータを送信しています。UrlFetchApp.fetchは1つ目の引数にWebhookのURL、2つ目の引数にさきほどつくったオブジェクトを入れています。

GASからメールやメッセージを送る

4

4-3 Slackにメッセージを投稿する

Slackにメッセージを送ってみよう

ここではGASからSlackのメッセージを送る方法を説明していきます。

Slackの設定

Slackのワークスペースのつくり方は割愛しますが、SlackはWebサイトから無料で簡単に利用できます。

【SlackのWebサイト】

https://slack.com

ちなみに、2019年に従来のカスタムインテグレーションによる方法が非推奨となりました。ここでは、現在推奨されている方法で説明します。一部英語のページがでてきますが、手順は簡単です。さっそくSlackの設定から始めましょう。

Slackでは、App（アプリ）を作成してボットにメッセージを投稿させることができます。

まずはSlackを開きます（画面1）。

左側のメニューから「App」をクリックして開くと、右上に「Appディレクトリ」へのリンクが表示されるのでクリックします。

▼画面1　SlackのAppからAppディレクトリを開く

ちなみにAppの画面では作成した
アプリの表示や追加ができるよ

GASからメールやメッセージを送る

続いて表示されたAppディレクトリ画面で右上の「ビルド」をクリックします（画面2）。

▼画面2　Appディレクトリ

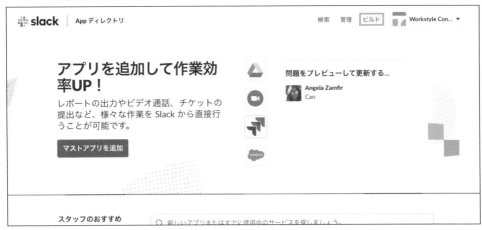

プログラムをつくる作業の
ことを「ビルド」というよ

ここから英語になりますが問題ありません。

画面中央にある「Start Building」ボタンをクリックします（画面3）。

▼画面3　slack api

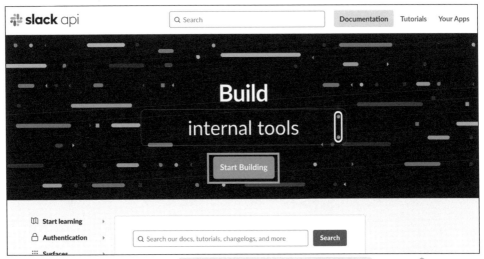

右上の「Your Apps」から「Create New Apps」
をクリックする方法もあるよ

「Create a Slack App」の画面が表示されます（画面4）。App Nameにアプリの名前を入力します。何でもかまいませんがここでは「GAS bot」にしました。

Development Slack Workspaceには、利用するワークスペースを選択して、画面右下の［Create App］ボタンをクリックするとアプリが作成されます。

▼**画面4　Slackアプリの新規作成画面**

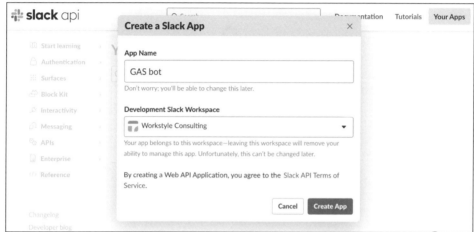

アプリの名前は後から変えられるよ

アプリを作成しただけではまだ何もできないので、アプリに機能を追加していきます。

画面5の基本情報（Basic Information）の画面でIncoming Webhooksをクリックします。

▼**画面5　Basic Informationの画面でIncoming Webhooksをクリック**

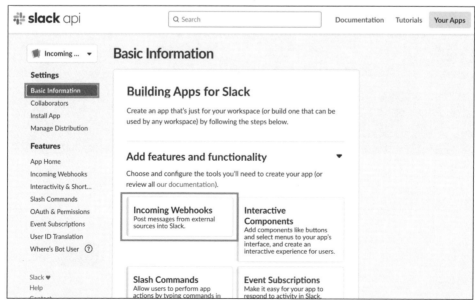

GASからメールやメッセージを送る

画面6のActivate Incoming Webhooksの文字の右にあるトグルボタンをクリックしてOff
からOnに変えてください。

すると画面下にWebhook URLを追加するボタンが現れます。

［Add New Webhook to Workspace］ボタンをクリックします。

▼**画面6** Incoming Webhooksの画面で右上のトグルをOnにする

すると、アクセス許可と投稿先を選択する画面が表示されます（画面7）。

投稿先のチャンネルを選択して［許可する］ボタンをクリックします。

▼**画面7** 投稿先チャンネルの指定とアクセス許可

Webhook URLの欄に、選択したチャンネル専用のWebhook URL（https://hooks.slack.com/…）が表示されています（画面8）。

［Copy］ボタンを押すとコピーできます。こちらは後ほどGASで使用します。

▼**画面8** Webhook URL欄にあるコピーする

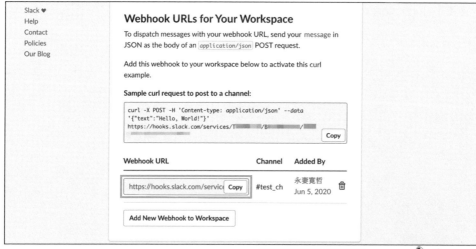

スクリプトではこのURLにメッセージのデータを送るんだよ

Google Apps Scriptを作成する

WebhookURLを取得できましたので、Google Apps Scriptをつくっていきましょう。

Googleドライブを開いて（画面9）、新規ボタンから その他 > Google Apps ScriptをクリックしてGASのファイルを新規作成します（画面10）。

▼**画面9** Googleドライブで「新規」ボタンをクリック

▼**画面10** Google Apps Scriptを開く

スタンドアロン型でGAS
ファイルを作成するよ

Slackに投稿するスクリプト

作成したGASにリスト1のスクリプトを入力しましょう。

といってもすべて自力で入力するのは大変ですので、秀和システムのサポートページから
サンプルファイルをダウンロードして、スクリプトをコピーして貼り付けてください。

リスト1 Slackにメッセージを送る

```
1  //--- 初期設定ここから
2  // Webhook URLを貼り付ける
   const SLACK_WEBHOOK_URL = "https://hooks.slack.com/services/TXXX/BXXX/
3  XXXXXX";
4  //--- 初期設定ここまで
5  // メインの関数
6  function myFunction() {
7    // 投稿するメッセージを代入
8    const message = "Slackをご覧の皆さん、こんにちは！";
9    // メッセージを送る
10   postSlack(message);
11 }
12 // Slackに投稿する関数
13 function postSlack( message ){
14   const params = {
```

```
15    "method" : "POST",
16    "contentType" : "application/json",
17    "payload" : JSON.stringify({ "text" : message })
18  };
19  const response = UrlFetchApp.fetch(SLACK_WEBHOOK_URL, params);
20  Logger.log(response);
21 }
```

初期設定して実行する

　3行目の""の中に、先ほどSlackで生成したWebhook URLをコピーして貼り付けてください。

　準備ができたらスクリプトを保存し、関数の選択欄で「myFucntion」を選択して、三角の実行ボタンをクリックしてGASを実行します（画面11）。

　初回は確認画面が表示されますので、109〜111ページと同様に実行するユーザーを選び、許可をしてください。

▼**画面11　myFuctionを選択して実行ボタンをクリックする**

虫のマークのデバッグ実行ボタンでも実行できるよ

　実行が完了し、Slackに投稿されたら成功です（画面12）。

▼**画面12　実行結果**

Slackの指定したチャンネルに投稿されたね

GASからメールやメッセージを送る

スクリプトの解説

それではスクリプトの中身を確認していきましょう。

関数myFunction（6〜11行目）

8行目では、変数messageを宣言して投稿するメッセージを代入しています。

今後スクリプトを作成するときにメッセージ送信の部分を再利用できるよう、Slackのメッセージを送信する部分を別の関数に切り出しました。

10行目で、引数にmessageを入れて関数postSlackを呼び出しています。

関数postSlack（13〜21行目）

messageを引数として受け取ります。

14〜18行目では、paramsの｛｝の中に投稿で必要なパラメータを指定しています。

17行目のJSON.stringifyは、()内のオブジェクトをJSON形式の文字列に変換しています。JSONはWebhookなどWeb APIでのデータのやりとりに利用される文字列の形式です。値やオブジェクトを通信しやすいJSON表記に変換してくれます。

19行目では、Webhook URLにデータを送信しています。UrlFetchApp.fetchは1つ目の引数にWebhookのURL、2つ目の引数に上でつくったオブジェクトを入れています。

4

GASからメールやメッセージを送る

第5章 今日から使える自動化サンプルスクリプト

本章では、業務で使える8つの自動化サンプルを紹介します。Googleのサービスを使用したさまざまな活用方法をいますぐ体験してみましょう。

5-1 メールを受信したら チャットに通知する（Gmail）

やりたいこと

定期的にGmailを監視して特定のメールが届いた時にチャットへ通知を送ります。

例えば、「メールでのお問い合わせに早めに対応したい」とか「メンバーの中で手が空いた人が対応できるようにしたい」といった場合など、同じチャットを見ているメンバーにメールの内容を自動で共有したい時にも活躍します。

まずざっくりとした流れを書いてみるとリスト1のような感じです。

リスト1 ざっくりとした流れ

```
1 function myFunction(){
2 // 最終のメール日時を読込む
3 // Gmailからスレッドを取得
4 // スレッドからメールを取得
5 // メッセージを生成
6 // メッセージを送る
7 // 最新の実行日時を記録して終了
8 }
```

事前準備

今回のサンプルスクリプトではGmail側で特定のラベルを作成し、そこに振り分けられたメールを通知対象にします。まずはGmailで振り分けをするためのフィルタとラベルを設定していきましょう。

まずはGmailを開いてください。上部にある「メールを検索」欄の右にある「▼」をクリックします（画面1）。

▼画面1　Gmailを開く

メールを検索する欄の右端に
逆三角形のマークがあるね

メールの検索条件を指定できます。ここではWebサイトにあるフォームからのお問合せの
メールを振り分けることを想定して、送信元のメールアドレスと件名を指定してみました。
振り分けしたいメールに合わせて条件を指定してみてください。

入力したら右下にあるグレーの［フィルタを作成］ボタンをクリックしてください（画面2）。

▼画面2　メール振り分けの条件を指定して［フィルタを作成］をクリック

条件の指定が不安なら検索ボタンをクリックし
てメールが検索されるか確認してみよう

ラベルを付けるにチェックして「新しいラベル…」をクリックします（画面3）。

▼**画面3　ラベルを付けるにチェックして「新しいラベル…」をクリック**

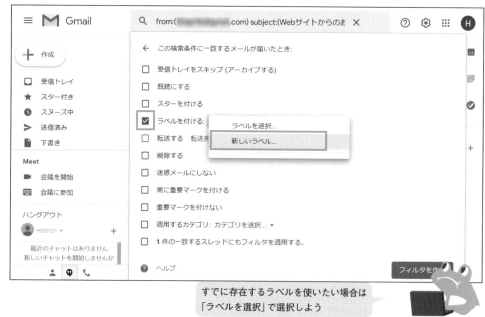

すでに存在するラベルを使いたい場合は
「ラベルを選択」で選択しよう

　画面4のように「新しいラベル」の入力画面が表示されますので、任意のラベル名を入力して［作成］ボタンをクリックしてください。ここでは「Web問合せ」というラベル名にしました。

▼**画面4　任意のラベル名を入力して［作成］ボタンをクリック**

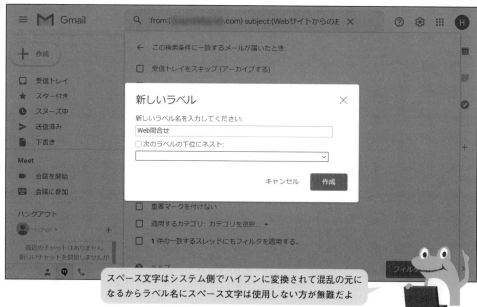

スペース文字はシステム側でハイフンに変換されて混乱の元になるからラベル名にスペース文字は使用しない方が無難だよ

新しいラベル名が指定できました。

画面5の「1件の一致するスレッドにもフィルタを適用する」にチェックを入れると、すでに受信済みのメールにもラベルが適用されます。

［フィルタを作成］ボタンをクリックします。

▼**画面5　「フィルタを作成」ボタンをクリック**

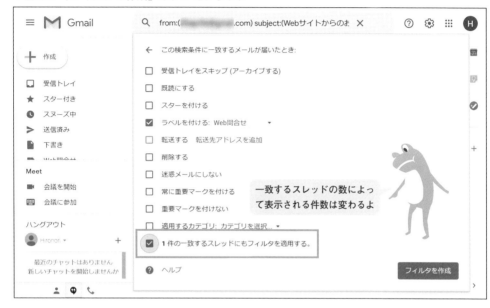

ラベルが作成されました（画面6）。

ここで作成したラベル名はスクリプトの中で使用します。

▼**画面6　ラベルが作成された**

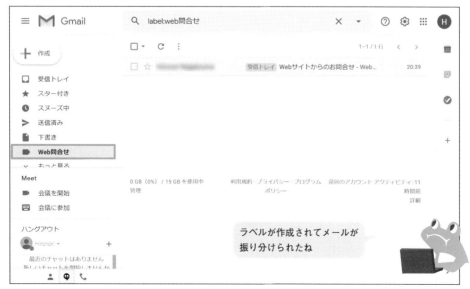

GASを作成する

　Gmailでラベルを設定したら、GASをつくっていきましょう。

　今回はスタンドアロン型で作成します。Googleドライブを開いて、［新規］ボタンから Google Apps Scriptを選択して開きます（画面7）。

▼**画面7　新規ボタンからGoogle Apps Scriptを選択する**

　GASが作成され、スクリプトエディタが表示されました（画面8）。

▼**画面8　作成されたGASのスクリプトエディタ**

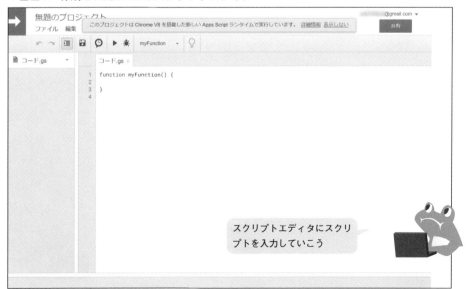

　空のmyFunctionが入力されていますが、一旦すべて消して、次のコードを入力してください（リスト1）。

　といっても自力で全部入力するのは大変ですので、秀和システムのサポートページからサンプルファイルをダウンロードして、コードをコピー&ペーストしてください。

リスト1 サンプルスクリプト全文

```
1   // ----- 初期設定ここから -----
2   // Chatworkトークン
3   const CHARWORK_TOKEN = "xxxxxxxxxxxxxxxxxxxx";
4   // Chatworkルーム ID
5   const CHATWORK_ROOM_ID = 9999999;
6   // Slack Webhook URL
7   const SLACK_WEBHOOK_URL = "https://hooks.slack.com/services/Txxxx/Bxxxx/
    Dxxxx";
8   // Gmailラベル名
9   const LABEL = "Web問合せ";
10  // 本文を抜粋する文字数
11  const EXCERPT_LENGTH = 100;
12  // 1回で取得するスレッド数の最大値
13  const MAX_THREADS = 3;
14  // ----- 初期設定ここまで -----
15  // メインの関数
16  function myFunction() {
17    // 最終のメール日時を読み込む
18    let lastDateText = PropertiesService.getScriptProperties().
    getProperty("lastDateText");
19    // 最終のメール日時がなければ初期値を代入
20    if( lastDateText === null ) lastDateText = "2020/01/01 00:00:00";
21    // Dateオブジェクトを定義
22    const lastDate = new Date(lastDateText);
23    // 最新メール日時を入れる変数に最終のメール日時を代入
24    let newDate = lastDate;
25    // 条件にマッチするスレッドを検索して取得する
26    let query = "";
27    if( LABEL ) query += "label:" + LABEL;
28    query += " after:" + Math.floor( lastDate.getTime() / 1000 );
29    // マッチするスレッドを取得
30    const threads = GmailApp.search(query, 0, MAX_THREADS);
31    // マッチするスレッドがなければ終了
32    if( threads.length === 0 ) return false;
```

```
33      // 自分のアドレスを取得
34      var myEmail = Session.getActiveUser().getEmail();
35      // スレッドからメールを取得する
36      const allMessages = GmailApp.getMessagesForThreads(threads);
37      // 古い順にする
38      allMessages.reverse();
39      // スレッド毎に繰り返し
40      for( const thread of allMessages ){
41        // メール毎に繰り返し
42        for( const mail of thread ){
43          // 送信元を取得
44          const from = mail.getFrom();
45          // メール日時を取得
46          const date = mail.getDate();
47          // 日時が古いまたは送信者が自分なら何もせず次のメールへ
48          if( date <= lastDate || from.match(myEmail) ) continue;
49          // 日時が新しければ最新メール日時を更新
50          if( date > newDate ) newDate = date;
51          // メールの件名を取得
52          const subject = mail.getSubject();
53          // メールの本文を指定の文字数まで抜粋
54          const body = mail.getPlainBody().slice(0,EXCERPT_LENGTH);
55          // メッセージを生成
56          const strDate = Utilities.formatDate( date, 'Asia/Tokyo', "yyyy-
      MM-dd HH:mm");
57          let message = "■メールを受信しました ( " + strDate + " )\n";
58          message += "送信元: " + from + "\n";
59          message += "件名: " + subject + "\n";
60          message += "本文:\n" + body + "\n";
61          // メッセージを送信
62          postChatwork(message);
63          //postSlack(message);
64        }
65      }
66      // 最新のメール日時を記録
67      const newDateText = Utilities.formatDate( newDate, 'Asia/Tokyo',
      "yyyy/MM/dd HH:mm:ss");
68      PropertiesService.getScriptProperties().setProperty("lastDateText",ne
      wDateText);
69    }
```

```
70   // Chatworkにメッセージを送る
71   function postChatwork(message){
72     const params = {
73       "headers" : {"X-ChatWorkToken" : CHARWORK_TOKEN },
74       "method" : "POST",
75       "payload" : {
76         "body" : message,
77         "self_unread" : "1"
78       }
79     };
80     const url = `https://api.chatwork.com/v2/rooms/${CHATWORK_ROOM_ID}/messages`;
81     UrlFetchApp.fetch(url, params);
82   }
83   // Slackにメッセージを送る
84   function postSlack(message){
85     const params = {
86       "method" : "POST",
87       "contentType" : "application/json",
88       "payload" : JSON.stringify({ "text" : message })
89     };
90     const response = UrlFetchApp.fetch(SLACK_WEBHOOK_URL, params);
91   }
```

初期設定

スクリプトを入力できたらリスト上部にある初期設定のエリアを修正します。

チャット設定（2〜7行目）

Chatworkの場合、Chatworkトークンと投稿するルームIDを入力してください。
Slackの場合、投稿するスレッドのWebhookURLを入力してください。
それぞれの取得方法がわからない場合は、前章をご確認ください。

Gmailラベル名（8〜9行目）

さきほど作成したラベル名を入力してください。文字列なのでダブルクォーテーションで囲みます。

本文を抜粋する文字数（10〜11行目）

チャットにメール本文の抜粋を投稿できます。ここで文字数を指定すると、その文字数分を抜粋してチャットに投稿します。0にすれば本文なしで件名のみが投稿されます。

今日から使える自動化サンプルスクリプト

5

● 1回で取得するスレッド数の最大値（12〜13行目）

1回の実行で取得するスレッドの数を指定します。すでに指定するラベルのついたメールがたくさんある場合、初回に大量に通知が届くことになるので、ここで制限できるようにしています。状況に合わせてご自由に設定してください。

● 送信するチャットを選択（61〜63行目）

今回のコードはChatworkとSlack両方に対応しています。61〜63行目で使用する関数を選べます。こちらはお使いのチャットサービスの関数を実行するように設定してください。

具体的には、使わない方をコメントアウトします。

【Chatworkに送信する場合】

```
61        // メッセージを送信
62        postChatwork(message);
63        // postSlack(message);
```

【Slackに送信する場合】

```
61        // メッセージを送信
62        // postChatwork(message);
63        postSlack(message);
```

一応補足すると、両方ともコメントアウトしなければChatworkとSlackの両方に送信することもできます。

● 実行する

初期設定が終わったらフロッピーの保存ボタンを押して保存しましょう。

プロジェクト名を入れていない場合は入力欄が表示されますので適当な名前を入力してください（画面9）。

▼**画面9　プロジェクト名の編集画面**

今回は「Gmailをチャットに通知」という名前にしたよ

　「関数を選択」プルダウンから「myFunction」を選択して三角マークの実行ボタンまたは虫マークのデバッグボタンをクリックします。

　初回の実行時に許可を確認する画面が表示されます。［許可を確認］ボタンをクリックします（画面10）。

▼**画面10　［許可を確認］ボタンをクリック**

初回実行時は権限を要求されるので許可していこう

　アカウントの選択ウィンドウが表示されますので、GASの実行に使用するアカウントを選

んでください（画面11）。

　なお、GASはここで選択したアカウントのGmailを読み込みます。

▼**画面11　選択したGoogleアカウントのGmailが参照される**

　「このアプリは確認されていません」の画面では、左下の「詳細」をクリックし、下に表示される「＜プロジェクト名＞（安全ではないページ）に移動」をクリックします。

　「＜プロジェクト名＞がGoogle アカウントへのアクセスをリクエストしています」（画面12）の画面では右下の［許可］ボタンをクリックします。

▼**画面12　Googleアカウントへのリクエスト画面で許可をクリック**

これでスクリプトが実行されます。チャットにメッセージが送信されていたら成功です（画面13）。

▼**画面13　実行結果（Slackの場合）**

Chatworkの場合でも同様の
メッセージが投稿されるよ

● トリガーの設定

　問題なく実行できたら自動で定期的にメールを確認できるようにトリガーを設定しましょう。

　GASのスクリプトエディタにある時計マークボタン、または「編集」メニューから「現在のプロジェクトのトリガー」をクリックしてトリガーの設定画面を開きます（画面14）。

▼**画面14　時計マークの「現在のプロジェクトのトリガー」ボタンをクリック**

トリガーを設定することで実
行を自動化できるね

トリガーの設定画面が開きますので右下の［トリガーを追加］ボタンをクリックします（画面15）。

▼**画面15　右下の［トリガーを追加］ボタンをクリック**

トリガーの設定画面が開きます（画面16）。

▼**画面16　トリガーを設定して保存をクリック**

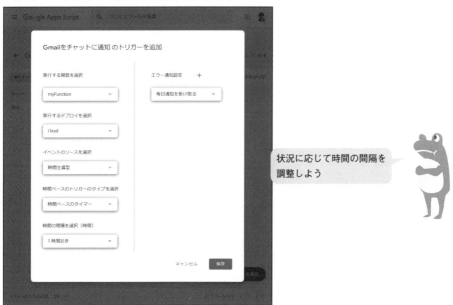

状況に応じて時間の間隔を調整しよう

1時間おきに自動で実行する場合は、次のように設定をします。

　　実行する関数を選択　…　myFunction
　　実行するデプロイを選択　…　Head
　　イベントのソースを選択　…　時間主導型
　　時間ベースのトリガーのタイプを選択　…　時間ベースのタイマー
　　時間の間隔を選択　…　1時間おき

　設定したら［保存］ボタンをクリックします。これでトリガーが設定できました（画面17）。

　ちなみに「実行するデプロイを選択」は「Head」しか選択肢がないと思いますので気にせず「Head」のままで大丈夫です。

　イベントのソースを「時間主導型」にし、「時間ベースのタイマー」を選択することで時間単位で定期的に実行できますね。

▼**画面17　トリガーが設定された**

オーナー	前回の実行	導入	イベント	関数	エラー率
自分	-	Head	時間ベース	myFunction	-

（Google Apps Script　← Gmailをチャットに通知 ＞ トリガー　1個のトリガーを表示しています　オーナー: 自分　フィルタをクリア　1ページあたりの行数: 25　＋ トリガーを追加）

さらにトリガーを追加すれば複数の
トリガーを設定することもできるよ

スクリプトの解説

　ここからはスクリプトのポイントを解説していきます。行番号も記載していますので、実際のGASの画面と照らし合わせながら確認していくのがおすすめです。

今日から使える自動化サンプルスクリプト

5

●プロパティストアを操作する（17〜18行目、64〜66行目）

myFunction関数の最初と最後にPropertiesService.getScriptProperties()の記述があります。こちらはプロパティストアといって、スクリプトのプロパティを読み書きできる機能です。

今回のコードでは、最後に取得したメールの日時を保存しておき、次回実行した時にはその日時以降に届いたメールを通知する仕組みにしています。

最後に取得したメールの日時を残しておくためにこの機能を使用しています。

```
15    // 最終のメール日時を読み込む
16    let lastDateText = PropertiesService.getScriptProperties().
   getProperty("lastDateText");
```

スクリプトプロパティにlastDateTextというキーで値が格納されていれば、その値を取得します。

```
64    // 最新のメール日時を記録
65    const newDateText = Utilities.formatDate( newDate, 'Asia/Tokyo',
   "yyyy-MM-dd HH:mm:ss");
66    PropertiesService.getScriptProperties().setProperty("lastDateText",ne
   wDateText);
```

取得したメールの最新の日時を文字列にしてスクリプトプロパティにlastDateTextのキーで値を登録します。次回の実行時はここで登録した日時以降のメールのみを通知します。

●スクリプトのプロパティはどこに格納されるのか

では登録したスクリプトのプロパティを確認してみましょう。「ファイル」メニューの一番下に「プロジェクトのプロパティ」をクリックします（画面18）。

▼**画面18** ファイルメニューからプロジェクトのプロパティを開く

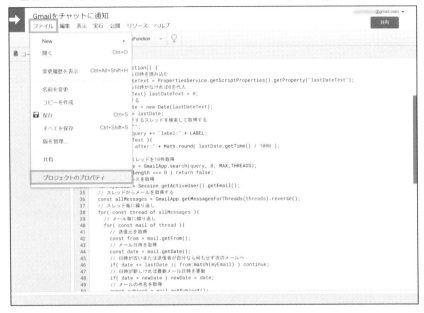

プロジェクトのプロパティで、「スクリプトのプロパティ」をクリックすると、中身を確認できます（画面19）。

▼**画面19** プロジェクトのプロパティの中にあるスクリプトのプロパティ

こちらの画面からもプロパティのキーと値を追加・編集・削除できます。変更した場合は［保存］ボタンをクリックして保存してください。

条件を指定してメールを取得する（25～30行目）

27、28行目では、Gmailからメールを取得する時の条件を変数queryに文字列で格納しています。

```
25    // 条件にマッチするスレッドを検索して取得する
26    let query = "";
27    if( LABEL ) query += "label:" + LABEL;
28    query += " after:" + Math.floor( lastDate.getTime() / 1000 );
```

「label:(ラベル名)」でラベル名を指定でき、「after:(日時のUNIX時間)」で指定した日時以降のメールを含むスレッドに絞り込みできます。

今回のサンプルでは、初回実行時、「label:Web問合せ after: 1577804400」のような文字列を条件として変数queryに代入し、メールを抽出しています。

「1577804400」は、2020年1月1日0時0分0秒（日本時間）のUNIX時間です。

UNIX時間というのは、協定世界時（UTC）における1970年1月1日午前0時0分0秒からの経過秒数を計算したものです。

ここではMath. floor (lastDate.getTime() / 1000);の部分で計算しています。
Dateオブジェクト.getTime() は1970年1月1日00:00:00（UTC）からの経過時間をミリ秒単位で取得します。1ミリ秒は1秒の1000分の1です。つまり、1秒＝1000ミリ秒ですね。ミリ秒を秒単位にするため1000で割り算しています。

さらにMath.floor(数値);で数値を整数にするため小数を切り捨てしています。

変数queryに格納した条件でGmailからスレッドを取得します。

```
29    // マッチするスレッドを取得
30    const threads = GmailApp.search(query, 0, MAX_THREADS);
```

書式

```
GmailApp.search( 条件 , スレッドの取得開始番号 , 取得数の最大値 );
```

今回は条件に「label:」と「after:」という検索演算子を使用しましたが、他にも「is:unread」（未読メール）、「has:attachment」（添付ファイルあり）など様々な種類があります。

使用できる検索演算子はこちらに記載されています。

https://support.google.com/mail/answer/7190?hl=ja

スレッドの取得開始番号は、多くのスレッドを複数回に分けて取得する場合に利用しますが、通常は「0」で大丈夫です。

取得数の最大値は、初期設定で指定した取得するスレッド数の最大値が入るようにしています。

Gmailの仕組みとメールの抽出

Gmailのメールデータは少し特殊です。一連のメールがスレッドというかたまりで格納されていて中身のメールを取り出すのにはひと工夫が必要です（図1）。

図1　Gmailのメールはこんな感じ（2次元配列）で格納されている

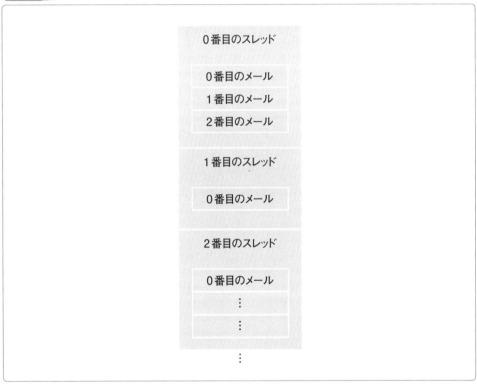

Gmailのメールデータは2次元配列になっていて、処理するには、①スレッドを取り出す、②各スレッドに入っているメールを取り出す、という2段階が必要です。スクリプトで書くと、繰り返し処理を2重で行うことになります。

```
// スレッドからメールを取得
const allMessages = GmailApp.getMessagesForThreads(threads);
// スレッド毎に繰り返し
for( const thread of allMessages ){
  // メール毎に繰り返し
  for( const mail of thread ){
```

5

今日から使える自動化サンプルスクリプト

```
          // メール毎の処理
      }
  }
```

今回はfor of文で繰り返し処理をしています。

Column なぜGmailのラベル機能を使用するのか

　今回はGmailのラベル機能を利用しましたが、GASでメールを取得してから同じような条件を設定してメールを抽出することも可能です。しかし、GASは6分という時間制限がありますので、Gmail側で処理できるものは処理（抽出）してもらった方がGASの処理時間が短縮できますね。また、条件をカスタマイズしたい時もGmail側で設定する方がはるかに簡単ですし、スクリプトをいじらないのでリスクも少なくて済みます。

　こういった理由から、今回はラベル名で抽出する方法でGASを作成しました。GASだけにこだわらず、他でできることは他にやらせて、より便利なやり方を探していくのがよいでしょう。

5-2 メールの添付ファイルをドライブに保存する（GmailとGoogleドライブ）

やりたいこと

前節で作成したコードをさらに発展させて、Gmailにファイルが添付されていたらGoogleドライブの特定のフォルダに保存するようにしましょう。

例えば、毎月メールで送られてくる請求書を、メールを開いてファイルをダウンロードし、指定のフォルダに格納するという作業は面倒ですよね。このスクリプトを使えば、指定のラベルがついたメールに添付ファイルがあれば自動で指定のGoogleドライブに保存します。

ざっくりとした流れは前節と同じです（リスト1）。途中に添付ファイルがあった場合の処理を追記していきます。

リスト1　ざっくりとした流れ

```
function myFunction(){
  // 最終のメール日時を読込む
  // スレッドを取得
  // 添付ファイルを保存するフォルダを取得
  // スレッドからメールを取得
  // 添付ファイルがあればリストに登録してドライブに保存する
  // メッセージを生成
  // 添付ファイルがあればメッセージにURLを追加
  // メッセージを送る
  // 最新の実行日時を記録して終了
}
```

事前準備

事前にGmail側の設定とGoogleドライブ側の準備が必要です。

Gmailでフィルタとラベルを設定する

ここは5-1節と同様です。5-1節と同じように設定してください。

Googleドライブでフォルダを作成する

まずGoogleドライブを開き、左上の［新規］ボタンをクリックしてフォルダを新規作成します（画面1）。

今日から使える自動化サンプルスクリプト

5

▼**画面1　Google ドライブで新規ボタンをクリック**

フォルダを作成する場所は
どこでも大丈夫だよ

　一番上にある「フォルダ」をクリックします（画面2）。

▼**画面2　「フォルダ」をクリック**

　「新しいフォルダ」に任意のフォルダの名前を入力して［作成］ボタンをクリックします（画面3）。ここではメインフォルダというフォルダ名にします。

今日から使える自動化サンプルスクリプト

▼**画面3　フォルダの名前を入力して作成ボタンをクリック**

フォルダが作成されました。作成したフォルダをダブルクリックして開きます（画面4）。

▼**画面4　フォルダが作成された**

新しいフォルダを表示すると、次のようなURLが表示されています。

https://drive.google.com/drive/folders/1xxxxxxxxxxxxxxxxxxxxxxxxxxxxxxxx

今日から使える自動化サンプルスクリプト

5

URLの中で「/folders/」の後に続いている文字がこのフォルダのIDです。

このフォルダIDはスクリプトの中で使用しますのでメモしておきましょう（画面5）。

▼**画面5　フォルダを開いたときのURLからフォルダIDを確認できる**

IDは「1」から始まるランダム
な英数字だよ

GASを作成する

Google ドライブでフォルダを作成したら、GASをつくっていきましょう。

今回もスタンドアロン型で作成します。Google ドライブを開いて、［新規］ボタンから
Google Apps Script を選択して開きます（画面6）。

▼画面6　GoogleドライブからGASを新規作成する

スクリプトエディタが表示されました（画面7）。

▼画面7　GASのスクリプトエディタが表示される

　空のmyFunctionが入力されていますが、一旦すべて消して、次のコードを入力してください（リスト2）。

　といっても自力で全部入力するのは大変ですので、秀和システムのサポートページからサ

ンプルファイルをダウンロードして、コードをコピー&ペーストしてください。

リスト2 コード全文

```
1  // ----- 初期設定ここから -----
2  // Chatwork トークン
3  const CHARWORK_TOKEN = "xxxxxxxxxxxxxxxxxxxx";
4  // Chatwork ルーム ID
5  const CHATWORK_ROOM_ID = 9999999;
6  // Slack Webhook URL
7  const SLACK_WEBHOOK_URL = "https://hooks.slack.com/services/xxxxxx/
   xxxxxxxx/xxxxxxxxx";
8  // Gmail ラベル名
9  const LABEL = "ラベル名";
10 // 本文を抜粋する文字数
11 const EXCERPT_LENGTH = 100;
12 // 1回で取得するスレッド数の最大値
13 const MAX_THREADS = 3;
14 // 添付ファイルを保存する Google ドライブのフォルダ ID ―――――― // 追加①
15 const FOLDER_ID = "1xxxxxxxxxxxxxxxxxxxxxxxx";――――――――― // 追加①
16 // ----- 初期設定ここまで -----
17 // メインの関数
18 function myFunction() {
19   // 最終のメール日時を読み込む
20   let lastDateText = PropertiesService.getScriptProperties().
   getProperty("lastDateText");
21   // 最終のメール日時がなければ初期値を代入
22   if( lastDateText === null ) lastDateText = "2020/01/01 00:00:00";
23   // Date オブジェクトを定義
24   const lastDate = new Date(lastDateText);
25   // 最新メール日時を入れる変数に最終のメール日時を代入
26   let newDate = lastDate;
27   // 条件にマッチするスレッドを検索して取得する
28   let query = "";
29   if( LABEL ) query += "label:" + LABEL;
30   query += " after:" + Math.floor( lastDate.getTime() / 1000 );
31   // マッチするスレッドを取得
32   const threads = GmailApp.search(query, 0, MAX_THREADS);
33   // マッチするスレッドがなければ終了
34   if( threads.length === 0 ) return false;
35   // 自分のアドレスを取得
```

今日から使える自動化サンプルスクリプト

```
36    var myEmail = Session.getActiveUser().getEmail();
37    // 添付ファイルを保存するフォルダを取得 ──────────── // 追加②
38    const folder = DriveApp.getFolderById(FOLDER_ID); ─────── // 追加②
39    // スレッドからメールを取得する
40    const allMessages = GmailApp.getMessagesForThreads(threads);
41    // 古い順にする
42    allMessages.reverse();
43    // スレッド毎に繰り返し
44    for( const thread of allMessages ){
45      // メール毎に繰り返し
46      for( const mail of thread ){
47        // 送信元を取得
48        const from = mail.getFrom();
49        // メール日時を取得
50        const date = mail.getDate();
51        // 日時が古いまたは送信者が自分なら何もせず次のメールへ
52        if( date <= lastDate || from.match(myEmail) ) continue;
53        // 日時が新しければ最新メール日時を更新
54        if( date > newDate ) newDate = date;
55        // メールの件名を取得
56        const subject = mail.getSubject();
57        // メールの本文を指定の文字数まで抜粋
58        const body = mail.getPlainBody().slice(0,EXCERPT_LENGTH);
59        // 添付ファイルを取得──────────────── // 追加③ここから
60        const attachments = mail.getAttachments();
61        // 添付ファイルの名前を格納する配列を定義
62        const attachmentList = [];
63        // 添付ファイルがあればリストに登録してドライブに保存する
64        if( attachments ){
65          // 添付ファイルの数だけ繰り返し
66          for( const attachment of attachments ){
67            // 添付ファイルの名前リストにファイル名を追加
68            attachmentList.push(attachment.getName());
69            // 指定のフォルダに添付ファイルを保存
70            folder.createFile(attachment);
71          }
72        }──────────────────────── // 追加③ここまで
73        // メッセージを生成
74        const strDate = Utilities.formatDate( date, 'Asia/Tokyo', "yyyy-
    MM-dd HH:mm");
75        let message = "■メールを受信しました ( " + strDate + " )\n";
```

```
76      message += "送信元: " + from + "\n";
77      message += "件名: " + subject + "\n";
78      if( body ) message += "本文:\n" + body + "\n";
79      // 添付ファイル名のリストとフォルダURLをメッセージに追記
                                              // 追加④ここから
80      if( attachmentList.length > 0 ){
81        message += "\n[添付ファイル]\n" + attachmentList.join("\n");
82        message += "\nhttps://drive.google.com/drive/folders/" +
        FOLDER_ID;
83      }                                     // 追加④ここまで
84      // メッセージを送信
85      postChatwork(message);
86      //postSlack(message);
87      }
88    }
89    // 最新のメール日時を記録
90    const newDateText = Utilities.formatDate( newDate, 'Asia/Tokyo',
      "yyyy/MM/dd HH:mm:ss");
91    PropertiesService.getScriptProperties().setProperty("lastDateText",ne
      wDateText);
92  }
93  // Chatworkにメッセージを送る
94  function postChatwork(message){
95    const params = {
96      "headers" : {"X-ChatWorkToken" : CHARWORK_TOKEN },
97      "method" : "POST",
98      "payload" : {
99        "body" : message,
100       "self_unread" : "1"
101     }
102   };
103   const url = `https://api.chatwork.com/v2/rooms/${CHATWORK_ROOM_ID}/
      messages`;
104   UrlFetchApp.fetch(url, params);
105 }
106 // Slackにメッセージを送る
107 function postSlack(message){
108   const params = {
109     "method" : "POST",
110     "contentType" : "application/json",
```

```
111      "payload" : JSON.stringify({ "text" : message })
112    };
113    const response = UrlFetchApp.fetch(SLACK_WEBHOOK_URL, params);
114  }
```

初期設定

コードを入力できたら上部にある初期設定のエリアを修正します。

チャット設定（2〜7行目）

Chatwork の場合、Chatwork トークンと投稿するルーム ID を入力してください。

Slack の場合、投稿するスレッドの WebhookURL を入力してください。

それぞれの取得方法がわからない場合は、前章をご確認ください。

Gmailラベル名（8〜9行目）

Gmail で作成したラベル名を入力してください。文字列なのでダブルクォーテーションで囲みます。

本文を抜粋する文字数（10〜11行目）

チャットにメール本文の抜粋を投稿できます。ここで文字数を指定すると、その文字数分を抜粋してチャットに投稿します。0にすれば本文なしで件名のみが投稿されます。

1回で取得するスレッド数の最大値（12〜13行目）

1回の実行で取得するスレッドの数を指定します。すでに指定するラベルのついたメールがたくさんある場合、初回に大量に通知が届くことになるので、ここで制限できるようにしています。状況に合わせてご自由に設定してください。

フォルダID（14〜15行目）

Google ドライブ作成したフォルダの ID（URL の /folders/ の後ろの部分）を入力してください。文字列なのでダブルクォーテーションで囲みます。

送信するチャットを選択（84〜86行目）

今回のコードも Chatwork と Slack 両方に対応しています。84〜86行目で使用する関数を選べます。こちらはお使いのチャットサービスの関数を実行するように設定し、使わない方をコメントアウトしてください。

実行する

初期設定が終わりましたらフロッピーの保存ボタンを押して保存しましょう。

プロジェクト名を入れていない場合はここで入力欄が表示されますので適当に名前を入力

今日から使える自動化サンプルスクリプト

してください。

「関数を選択」プルダウンから「myFunction」を選択して三角マークの実行ボタンまたは虫マークのデバッグボタンをクリックします。

初回の実行時に許可を確認する画面が表示されます。[許可を確認] ボタンをクリックします。

「アカウントの選択」画面ではGoogleアカウントを選択します。

「このアプリは確認されていません」の画面では、左下の「詳細」をクリックし、下に表示される「＜プロジェクト名＞（安全ではないページ）に移動」をクリック。

「＜プロジェクト名＞がGoogle アカウントへのアクセスをリクエストしています」の画面では右下の [許可] ボタンをクリックします。

これでスクリプトが実行されます。

通知先をChatworkにして実行した結果がこちらです（画面8）。

▼画面8　実行結果（Chatworkの場合）

本文の抜粋の下に添付ファイルの情報と格納先のURLがあるね

このように、送信元、件名、本文、そして、添付ファイルがある場合はファイル名と格納先のフォルダURLが通知されます。

Googleドライブのフォルダも確認してみましょう。指定したフォルダにファイルが保存されていれば成功です（画面9）。

今日から使える自動化サンプルスクリプト

▼**画面9**　フォルダにメールの添付ファイルが追加されている

トリガーの設定

問題なく実行できたらトリガーを設定しましょう。

手順は前節と同様ですのでここでは割愛します。5-1節を参照してください。

スクリプトの解説

今回は5-1節のスクリプトをベースに、添付ファイルを扱うためのスクリプトを4カ所に追加しました。コメントで追加した場所がわかるようにしていますのでスクリプトをご確認ください。ここでは追加された箇所を解説していきます。

フォルダを取得する（37〜38行目）

DriveApp.getFolderById(フォルダID)で指定したIDのフォルダを取得し、スクリプトの中で扱えるようになります。

```
37    // 添付ファイルを保存するフォルダを取得 ─────────── // 追加②
38    const folder = DriveApp.getFolderById(FOLDER_ID); ─── // 追加②
```

添付ファイルを取得して指定したフォルダに保存（59〜72行目）

getAttachments()でメールの添付ファイルを配列で取得します（60行目）。

添付ファイルがあったら、添付ファイルの数だけ繰り返しを行います。ここではfor…of文を使って添付ファイルの入った配列attachmentsから1つずつ添付ファイルをとりだしてattachmentに格納して処理を行っています（66〜71行目）。

添付ファイルのファイル名を「getName(添付ファイル)」で取得して、配列attachmentListに追加（68行目）し、「フォルダ.createFile(ファイル)」でファイルを指定のフォルダ内に作

成します（70行目）。

```
59        // 添付ファイルを取得──────────────────── // 追加③ここから
60        const attachments = mail.getAttachments();
61        // 添付ファイルの名前を格納する配列を定義
62        const attachmentList = [];
63        // 添付ファイルがあればリストに登録してドライブに保存する
64        if( attachments ){
65          // 添付ファイルの数だけ繰り返し
66          for( const attachment of attachments ){
67            // 添付ファイルの名前リストにファイル名を追加
68            attachmentList.push(attachment.getName());
69            // 指定のフォルダに添付ファイルを保存
70            folder.createFile(attachment);
71          }
72        }──────────────────────────── // 追加③ここまで
```

● **添付ファイル名のリストとフォルダURLをメッセージに追記（79〜83行目）**

　メールに添付ファイルがあった場合は、チャットで投稿するメッセージにファイル名のリストと、格納先のGoogle ドライブのURLを追記します。

　「配列.join(区切り文字)」で配列を区切り文字でつなげた文字列を取得することができます。"\n"は改行をあらわしますので、ここでは添付ファイル名が1つずつ改行された文字列を取得します（81行目）。

```
79        // 添付ファイル名のリストとフォルダURLをメッセージに追記
          ──────────────────────────── // 追加④ここから
80        if( attachmentList.length > 0 ){
81          message += "\n[添付ファイル]\n" + attachmentList.join("\n");
82          message += "\nhttps://drive.google.com/drive/folders/" +
    FOLDER_ID;
83        }──────────────────────────── // 追加④ここまで
```

　追加した場所は以上です。

　スクリプトに少し追加するだけで簡単に機能を追加できることを実感していただけたでしょうか。本書のサンプルスクリプトを進化させて、環境や目的に沿ったカスタマイズをぜひ実現してみてください。

やりたいこと

定期的にGoogleドライブのフォルダの中身を取得して、新しいファイルがアップロードされていたらチャットへ通知を送ります。

例えば、工事現場の作業担当者が現場で撮った写真をドライブにアップロードしたら、本社の事務担当者に通知されてすぐに把握できるようにするとか、社内イベントで各メンバーが撮影した写真を指定のフォルダにアップロードしてもらい、アップロードされたらメンバーに自動通知して共有するといった用途が考えられます（図1）。

図1 設計図

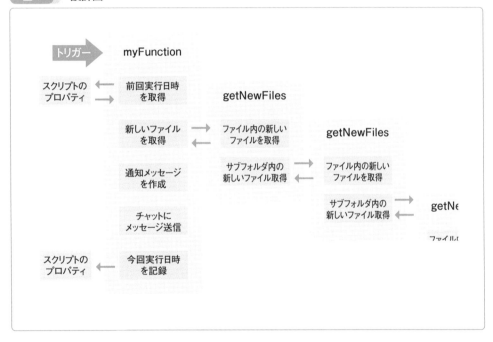

まずざっくりとした流れを書いてみるとこんな感じです（リスト1）。

リスト1 ざっくりとした流れ

```
function myFunction(){
    // 最終の実行日時を読込
    // 新しいファイルを取得
    getNewFiles( folder );
    // 通知メッセージを作成
```

```
    //  チャットにメッセージを送信
    //  最新の実行日時を記録して終了
  }
//  新しいファイルを取得する関数
function getNewFiles( targetFolder ){
    //  フォルダ内の新しいファイルを取得
    //  サブフォルダがあればサブフォルダの新しいファイルを取得
    getNewFiles( folder );
    //  ファイルのリストを返す
  }
```

　ポイントは指定したメインのフォルダ内にサブフォルダがあれば、その中にあるファイル
も取得するようにしている点です。

　フォルダ内にサブフォルダがあった場合に、そのサブフォルダを引数にして同じ関数を実
行します。これによってサブフォルダに追加したファイルも取得できます。

● 事前準備

　Google ドライブでフォルダを作成し、フォルダ ID を取得します。

　フォルダのつくり方は、前節と同様ですのでここでは割愛します。

　前節と同様に、URL の中で「/folders/」の後に続いているフォルダ ID を使用しますのでコ
ピーしてどこかにメモしておきましょう（画面1）。

```
https://drive.google.com/drive/folders/1xxxxxxxxxxxxxxxxxxxxxxxxxxxxxx
```

▼**画面1 URLからフォルダIDを取得**

フォルダIDは1から始まる
英数字だよ

さらにサブフォルダを作成しても動作するかを確認するため、作成したフォルダの中にファイルやサブフォルダを追加してみましょう。

今回はこのような感じでファイルとフォルダを格納しました（図2）。

図2 フォルダ構成とファイル格納場所

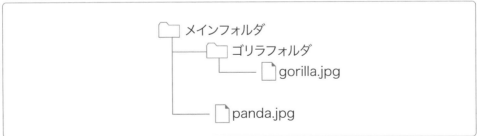

GASを作成する

Googleドライブでフォルダを作成したら、GASをつくっていきましょう。

今回はスタンドアロン型で作成します。Googleドライブを開いて、［新規］ボタンから Google Apps Script を選択して作成します（画面2）。

今日から使える自動化サンプルスクリプト

5

▼**画面2　Google ドライブから GAS を作成する**

GAS が作成されました（画面3）。

▼**画面3　スクリプトエディタ**

空のmyFunctionが入力されていますが、一旦すべて消して、次のコードを入力してください（リスト2）。

といっても自力で全部入力するのは大変ですので、秀和システムのサポートページからサ

ンプルファイルをダウンロードして、コードをコピー＆ペーストしてください。

> **リスト2** **コード全文**

```
1  //----- 初期設定（ここから）-----
2  // Chatwork トークン
3  const CHARWORK_TOKEN = "xxxxxxxxxxxxxxxxxxx";
4  // Chatwork ルーム ID
5  const CHATWORK_ROOM_ID = 9999999;
6  // Slack Webhook URL
7  const SLACK_WEBHOOK_URL = "https://hooks.slack.com/services/xxxxxx/
   xxxxxxxx/xxxxxxxxx";
8  // 対象とする GoogleDrive フォルダの ID
9  const TARGET_FOLDER_ID = "1xxxxxxxxxxxxxxxxxxxxxxxxxxxxxxxxx";
10 //----- 初期設定（ここまで）-----
11 // メインの関数
12 function myFunction() {
13   // 前回の更新日時を取得
14   let lastDateText = PropertiesService.getScriptProperties().
   getProperty("lastDateText");
15   // 最終の日時がなければ初期値を代入
16   if( lastDateText === null ) lastDateText = "2020/01/01 00:00:00";
17   // 最終の日時の Date オブジェクトをつくる
18   let lastDate = new Date(lastDateText);
19   // 対象のフォルダを取得
20   const targetFolder = DriveApp.getFolderById( TARGET_FOLDER_ID );
21   // アップロードされたファイルを取得
22   const files = getNewFiles( targetFolder, lastDate );
23   // 通知メッセージを作成
24   let message = "";
25   for(const file of files){
26     message += `${file.owner}が${file.folder}に${file.name}を追加しまし
   た\n${file.url}\n`;
27     // 作成日時を取得
28     if( file.date > lastDate ) lastDate = file.date;
29   }
30   if( !message ) return false;
31   // メッセージを送信
32   postChatwork( message );
33   //postSlack( message );
34   // 最新の更新日時を記録
```

5

今日から使える自動化サンプルスクリプト

```
35    lastDateText = Utilities.formatDate( lastDate, "Asia/Tokyo", "yyyy-
      MM-dd HH:mm:ss.S");
36    PropertiesService.getScriptProperties().setProperty( "lastDateText",
      lastDateText );
37  }
38  // 追加されたファイルを取得する関数
39  function getNewFiles( targetFolder, lastDate ){
40    // フォルダ名を取得
41    const folderName = targetFolder.getName();
42    //  対象のフォルダ内のファイルを取得
43    const files = targetFolder.getFiles();
44    //  追加されたファイル情報を格納する配列を定義
45    let updatedFiles = [];
46    // filesの数だけ繰り返し
47    while( files.hasNext() ){
48      // 1つ取り出してfileに代入
49      const file = files.next();
50      const date = file.getDateCreated();
51      if( date > lastDate ){
52        const updatedFile = {
53          folder: folderName,
54          name: file.getName(),
55          url: file.getUrl(),
56          date: date,
57          owner: file.getOwner().getName()
58        };
59        updatedFiles.push( updatedFile );
60      }
61    }
62    //対象のフォルダ内のサブフォルダを取得
63    const folders = targetFolder.getFolders();
64    // 配列foldersの数だけ繰り返し
65    while( folders.hasNext() ){
66      // 1つ取り出してfolderに代入
67      const folder = folders.next();
68      // フォルダ内のサブフォルダを取得
69      const filesInFolder = getNewFiles( folder, lastDate );
70      // サブフォルダのファイルを追加
71      updatedFiles.push.apply( updatedFiles, filesInFolder );
72    }
73    return updatedFiles;
```

```
74  }
75  // Chatworkにメッセージを送る
76  function postChatwork(message){
77    const params = {
78      "headers" : {"X-ChatWorkToken" : CHARWORK_TOKEN },
79      "method" : "POST",
80      "payload" : {
81        "body" : message,
82        "self_unread" : "1"
83      }
84    };
85    const url = "https://api.chatwork.com/v2/rooms/" + CHATWORK_ROOM_ID +
    "/messages";
86    UrlFetchApp.fetch(url, params);
87  }
88  // Slackにメッセージを送る
89  function postSlack(message){
90    const params = {
91      "method" : "POST",
92      "contentType" : "application/json",
93      "payload" : JSON.stringify({ "text" : message })
94    };
95    const response = UrlFetchApp.fetch(SLACK_WEBHOOK_URL, params);
96  }
```

初期設定

スクリプトを入力できたら上部にある初期設定のエリアを修正します。

Chatwork またはSlack の設定

Chatworkの場合、Chatwork トークンと投稿するルームIDを入力してください。
Slackの場合、投稿するスレッドのWebhookURLを入力してください。
それぞれの取得方法がわからない場合は、前章をご確認ください。

フォルダID（8～9行目）

Googleドライブ作成したフォルダのID（URLの/folders/の後ろの部分）を入力してください。文字列なのでダブルクォーテーションで囲みます。

送信するチャットを選択（31～33行目）

今回のコードもChatworkとSlack両方に対応しています。31～33行目で使用する関数を選

べます。こちらはお使いのチャットサービスの関数を実行するように設定してください。使わない方はコメントアウトしてください。

【Chatworkに送信する場合】

```
31        // メッセージを送信
32        postChatwork(message);
33        // postSlack(message);
```

実行する

初期設定が終わりましたらフロッピーの保存ボタンを押して保存しましょう。

プロジェクト名を入れていない場合はここで入力欄が表示されますので適当に名前を入力してください（画面4）。

▼**画面4　プロジェクト名の編集画面**

「関数を選択」プルダウンから「myFunction」を選択して三角マークの実行ボタンまたは虫マークのデバッグボタンをクリックします。

初回の実行時に許可を確認する画面が表示されます。［許可を確認］ボタンをクリックします。

「アカウントの選択」画面ではGoogleアカウントを選択します。

「このアプリは確認されていません」の画面では、左下の「詳細」をクリックし、下に表示される「＜プロジェクト名＞（安全ではないページ）に移動」をクリックします。

「＜プロジェクト名＞がGoogleアカウントへのアクセスをリクエストしています」の画面では右下の［許可］ボタンをクリックします。

これでスクリプトが実行されます。

通知先をChatworkにして実行すると、画面5のように表示されます。

▼**画面5　実行結果（Chatworkの場合）**

このようにフォルダ名、追加した人、ファイル名、ファイルURLが通知されれば成功です。

トリガーの設定

問題なく実行できたら、定期的に自動実行されるようにトリガーを設定しましょう。

スクリプトエディタにある時計マークのボタン、または「編集」メニューから「現在のプロジェクトのトリガー」をクリックしてトリガーの設定画面を開きます（画面6）。

▼**画面6　トリガーの設定画面**

画面6の右下の［トリガーを追加］ボタンをクリックすると、トリガーの設定画面が開きます（画面7）。

▼画面7　トリガーの設定画面

実行するタイミングを変更したい時はトリガーのタイプと時間の間隔を変更してみよう

1時間おきに自動で実行する場合は、次のように設定をします。

実行する関数を選択　…　myFunction
実行するデプロイを選択　…　Head
イベントのソースを選択　…　時間主導型
時間ベースのトリガーのタイプを選択　…　時間ベースのトリガー
時間の間隔を選択　…　1時間おき

設定したら［保存］ボタンをクリックします。トリガーが設定できました（画面8）。

▼画面8　トリガーが設定された

トリガーが追加されたね

スクリプトの解説

ここからはスクリプトのポイントを解説していきます。

プロパティストアを操作する（13〜14行目、34〜36行目）

Gmailをチャットに通知するスクリプトと同様に、今回のスクリプトもプロパティストアを使ってスクリプトのプロパティを読み書きします。

今回のスクリプトでは、最後に追加したファイルの追加日時を保存しておき、次回実行した時にはその日時以降に追加したファイルを通知する仕組みになっています。

フォルダを取得して関数に渡す（19〜22行目）

DriveApp.getFolderById(フォルダID) で指定したIDのフォルダを取得して扱えるようになります。このフォルダを引数として指定して、関数getNewFilesに渡します。

```
19      // 対象のフォルダを取得
20      const targetFolder = DriveApp.getFolderById( TARGET_FOLDER_ID );
21      // アップロードされたファイルを取得
22      const files = getNewFiles( targetFolder, lastDate );
```

追加されたファイルを取得する関数getNewFiles（38〜74行目）

今回は、getNewFilesという関数を作成しました。

引数はtargetFoldar（ファイルを取得する対象のフォルダが入っている）とlastDate（前回の実行時に最後に追加されたファイルの日時）が入ります。

フォルダ名を取得する（40〜41行目）

フォルダ.getName() でフォルダ名を取得できます。

```
40      // フォルダ名を取得
41      const folderName = targetFolder.getName();
```

変数targetFolder（getNewFiles関数の引数）には、myFunction関数内でDriveApp.getFolderById(TARGET_FOLDER_ID)を代入していましたので、実質的には、DriveApp.getFolderById(TARGET_FOLDER_ID).getName() でフォルダ名を取得しているということになります。

指定されたフォルダ内のファイルを取得する（42〜43行目）

フォルダ.getFiles() はフォルダに入っているファイルを「イテレータ」という形式で取得できます。

今日から使える自動化サンプルスクリプト

```
42      //  対象のフォルダ内のファイル情報を取得
43      const files = targetFolder.getFiles();
```

イテレータは順番に中身を取り出すことのできるオブジェクトです。「.hasNext()」や「.next()」を使って中身を取り出します。イテレータを扱う方法は後述します。

● イテレータの中身を取り出すwhile文と.hasNext()（46～61行目）

イテレータという形式で取得したファイルを1個ずつ取り出すためには、while文を使って繰り返し処理をします。

while文は（）内の式がtrueと評価される間、‖ 内の処理を繰り返します。（）内の式がfalseになったら終了します。

書式

```
while(式){
  処理
}
```

今回のスクリプトでは、while文の（）内にfiles.hasNext()という式が入っています。「イテレータ.hasNext()」は、イテレータの中にまだ取り出されていない値があればtrueを返し、すべて取り出されたらfalseを返します。

つまり、イテレータの中身を順番に取り出して、取り出す値がなくなったら終了することができます。

この機能を使って、定数filesに入っているファイルを1つずつ取り出していきます。

● ファイルを1つずつ取り出す.next()（48～49行目）

イテレータ.next()でイテレータの中身を1つ取り出すことができます。今回のコードでは繰り返しの都度、定数fileに代入しています。これで定数fileからファイルの情報を取得することができます。

```
48      //  1つ取り出してfileに代入
49      const file = files.next();
```

● ファイルの情報を取得する（50～61行目）

まず、file.getDateCreated()でファイルの作成日時を取得しています。

次のif文で前回実行時の最後のファイル作成日時と比較しています。前回実行時よりも新しい場合は、さらにファイルの情報を取得してオブジェクトupdatedFileにまとめ、追加され

たファイル情報を格納する配列 updatedFiles に追加しています。

　具体的には　ファイル.getName() で名前の取得、ファイル.getUrl() でファイルの URL を取得し、ファイル.getOwner().getName() でファイルのオーナーの名前を取得しています。

　配列.push(新しい要素) で既存の配列に新しい要素を追加できます。

● 対象のフォルダ内のサブフォルダを取得（62〜74行目）

　関数 getNewFiles の中で、42〜61行目までは対象のフォルダ内にあるファイルを取得していました。

　62〜72行目までは対象のフォルダ内にあるサブフォルダを取得します。サブフォルダの取得方法はファイルの時とほぼ同じです。

```
62     //対象のフォルダ内のサブフォルダを取得
63     const folders = targetFolder.getFolders();
```

　getFiles が getFolders になっただけですね。そして、こちらもイテレータという形式なので while 文で処理していきます。

　ポイントとなるのは 68〜71行目の部分です。

　69行目ではサブフォルダを引数に入れて、関数 getNewFiles を呼び出しています。つまり、関数 getNewFiles の中で自分自身の関数を呼び出しています。これを「再帰呼び出し」といいます。

　関数 getNewFiles ではまず対象のフォルダの中にあるファイルを取得しますが、対象のフォルダの中にサブフォルダがある場合は、サブフォルダを対象にして関数 getNewFiles を実行し、サブフォルダ内のファイルを取得します。サブフォルダの中にさらにサブフォルダがあった場合は、そのフォルダを対象に関数 getNewFiles を実行します。

　このように対象のフォルダ内が階層化していても中身を隅々までチェックして新しいファイルを探してくる仕組みになっています。

　71行目ではサブフォルダ内の追加されたファイル情報のリストを既存のリストと合体させています。

```
70     // サブフォルダのファイルを追加
71     updatedFiles.push.apply( updatedFiles, filesInFolder );
```

　73行目の return で呼出し元の関数へ追加されたファイルリストを返します。

```
73     return updatedFiles;
```

今日から使える自動化サンプルスクリプト

5

●カスタマイズにチャレンジ！

　今回のサンプルではファイルが作成された日時を基準としていましたが、ファイルが更新された日時を基準にして、追加および更新があった場合に通知させることができます。

　50行目を次のように変更してみてください。

▼変更前

```
50        const date = file.getDateCreated();
```

▼変更後

```
50        const date = file.getLastUpdated();
```

5

　getDateCreated()は追加日（作成日）を取得しますが、.getLastUpdated()は更新日時を取得します。これによって既存のファイルでも前回の実行以降にファイルが更新されたら通知するようになります。スプレッドシートが更新された時に通知させたい場合などに利用できます。

　ついでに26行目のメッセージも「追加しました」から「追加・更新しました」に変更しておくとよいでしょう。

今日から使える自動化サンプルスクリプト

5-4 チャットに予約投稿する（スプレッドシート）

やりたいこと

ChatworkもSlackも便利なビジネスチャットツールですが、どちらも予約投稿機能がありません。本書の執筆時点ではChatwork、Slackともに予約投稿機能は実装しない方針のようですが、とはいえ仕事や使い方によっては予約投稿したいと思う場面は生じるもの。そこでGoogleスプレッドシートに日時とメッセージを指定して予約投稿ができるスクリプトをつくってみましょう。

まずざっくりとした流れを書いてみるとリスト1のような感じです。

リスト1 ざっくりとした流れ

```
1  function myFunction(){
2    // スプレッドシートのデータを取得
3    // メッセージを送信
4    // メッセージを送る
5    // シートを更新
6  }
```

GASを作成する

今回のGASはスプレッドシートに紐付いたコンテナバウンド型で作成します。

スプレッドシートを作成する

まずGoogleドライブを開き、左上の［新規］ボタンからGoogleスプレッドシートで空白のスプレッドシートを新規作成します（画面1）。

▼**画面1　空白のスプレッドシートを新規作成する**

スプレッドシートの名前は適当に入れておき、ツールメニューのスクリプトエディタをクリックします（画面2）。

▼**画面2　ツールメニューのスクリプトエディタをクリック**

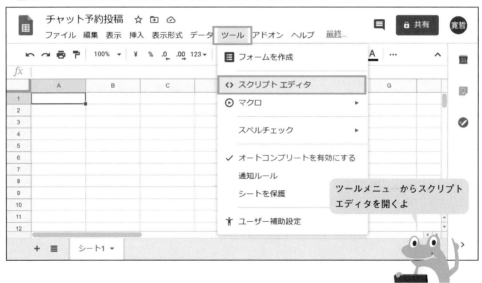

　画面3のように空のmyFunctionが入力されていますが、一旦すべて消して、次のコードを入力してください（リスト2）。

　といっても自力で全部入力するのは大変ですので、秀和システムのサポートページからサンプルファイルをダウンロードして、コードをコピー&ペーストしてください。

▼**画面3　スクリプトエディタ**

一旦すべて消してスクリプト
を貼り付けよう

リスト2　　**スクリプト全文**

```
 1  /*---- 初期設定ここから ----*/
 2  // Chatworkトークン
 3  const CHARWORK_TOKEN = "xxxxxxxxxxxxxxxxxxxxxxxxxxxxxx";
 4  // ChatworkルームID
 5  const CHATWORK_ROOM_ID = 99999999;
 6  // Slack Webhook URL
 7  const SLACK_WEBHOOK_URL = "https://hooks.slack.com/services/Txxx/Bxxx/
    Dxxxx";
 8  // スプレッドシートのシート名
 9  const SHEET_NAME = "シート1";
10  /*---- 初期設定ここまで ----*/
11  // メインの関数
12  function myFunction(){
13      // スプレッドシートを取得
14      const book = SpreadsheetApp.getActiveSpreadsheet();
15      const sheet = book.getSheetByName(SHEET_NAME);
16      // シート更新用の配列を定義
17      let newValues = new Array();
18      // データの最終行を取得
19      const lastRow = sheet.getLastRow();
```

```
20      //  データの有無を判定
21      if( lastRow > 1 ){
22        //  現在の日時を取得
23        const now = new Date();
24        //  昨日の0時0分を取得
25        const yesterday = new Date(now.getFullYear(), now.getMonth(), now.
   getDate() - 1);
26        //  シートを読込む
27        const range = sheet.getRange( 2, 1, lastRow, sheet.getLastColumn()
   );
28        const values = range.getValues();
29        //  行の数だけ繰り返し
30        for( let i=0; i<values.length; i++ ) {
31          //  分割代入
32          let estimatedDate, message, sentDate;
33          [ estimatedDate, message, sentDate ] = values[i];
34          //  条件をチェック
35          if( message && !sentDate && estimatedDate > yesterday &&
   estimatedDate < now ){
36            //  メッセージを送信
37            postChatwork( message );
38            //  postSlack( message );
39            //  送信時刻に現在の時刻を格納する
40            sentDate = now;
41          }
42          //  配列を生成
43          const line = [ estimatedDate, message, sentDate ];
44          //  更新用の配列に追加
45          newValues.push( line );
46        }
47      }
48      //  更新用の配列の最初にフィールド名を挿入
49      newValues.unshift([ '投稿予定日時', 'メッセージ', '投稿完了日時' ]);
50      //  シートをクリア
51      sheet.clearContents();
52      //  シートにデータを貼付けて終了
53      sheet.getRange(1,1,newValues.length,newValues[0].length).setValues(
   newValues );
54    }
55    // Chatworkにメッセージを送る
```

```
56  function postChatwork( message ){
57    const params = {
58      "headers" : {"X-ChatWorkToken" : CHARWORK_TOKEN },
59      "method" : "POST",
60      "payload" : {
61        "body" : message,
62        "self_unread" : "1"
63      }
64    };
65    const url = "https://api.chatwork.com/v2/rooms/" + CHATWORK_ROOM_ID +
      "/messages";
66    UrlFetchApp.fetch(url, params);
67  }
68  // Slackにメッセージを送る
69  function postSlack(message){
70    const params = {
71      "method" : "POST",
72      "contentType" : "application/json",
73      "payload" : JSON.stringify({ "text" : message })
74    };
75    const response = UrlFetchApp.fetch(SLACK_WEBHOOK_URL, params);
76  }
```

● 初期設定

スクリプトを入力できたら上部にある初期設定のエリアを修正します。

Chatworkの場合、Chatworkトークンと投稿するルームIDを入力してください。

Slackの場合、投稿するスレッドのWebhookURLを入力してください。

それぞれの取得方法がわからない場合は、前章をご確認ください。

● スプレッドシートのシート名（8～9行目）

GASで使用するためのシートの名前を指定します。スプレッドシートを作成したときにあるシート名は「シート1」ですので、特に理由がなければ「シート1」のままで大丈夫です。

● 送信するチャットを選択（36～38行目）

今回のサンプルでもChatworkとSlack両方に対応しています。36～38行目で使用する関数を選べます。こちらはお使いのチャットサービスの関数を実行するように設定してください。使わない方をコメントアウトしてください。

【Chatwork に送信する場合】

```
36        // メッセージを送信
37        postChatwork( message );
38        // postSlack( message );
```

実行する

初期設定が終わったらフロッピーの保存ボタンを押して保存しましょう。

プロジェクト名を入れていない場合はここで入力欄が表示されますので適当に名前を入力してください（画面4）。

▼**画面4　プロジェクト名の編集画面**

「関数を選択」プルダウンから「myFunction」を選択して三角マークの実行ボタンまたは虫マークのデバッグボタンをクリックします。

初回の実行時に許可を確認する画面が表示されます。［許可を確認］ボタンをクリックします。

「アカウントの選択」画面ではGoogleアカウントを選択します。

「このアプリは確認されていません」の画面では、左下の「詳細」をクリックし、下に表示される「<プロジェクト名>（安全ではないページ）に移動」をクリックします。

「<プロジェクト名>がGoogle アカウントへのアクセスをリクエストしています」の画面では右下の［許可］ボタンをクリックします。

これでスクリプトが実行されます。

スプレッドシートに何も入っていない状態でGASを実行すると、1行目に投稿予定日時、メッセージ、投稿完了日時というフィールド名が入力されますので、スプレッドシートに戻って確認してみましょう（画面5）。

▼**画面5　スプレッドシートの1行目に文字が入力された**

このシートを使って、予約投稿したい内容を入力していきます。

テストとして投稿予定日時の下（A2セル）にいまから30分前の時刻を入力し、メッセージ（B2セル）にも適当な文字を入力してみてください（画面6）。セル内で改行も使えます。列の幅も使いやすいように少し拡げてください。

なお、投稿完了日時のC列（C2セル）は空欄にしておいてください。

▼**画面6　入力後のスプレッドシート**

今日から使える自動化サンプルスクリプト

ここでGASの画面に戻り、再度スクリプトを実行してみましょう。

「関数を選択」プルダウンから「myFunction」を選択して三角マークの実行ボタンまたは虫マークのデバッグボタンをクリックします。

スクリプトが実行されてチャットが投稿されれば成功です（画面7）。

▼**画面7　実行結果（Chatworkの場合）**

GASを実行したらメッセージ
が投稿されたね

ここで再びスプレッドシートに戻ってみると、先ほどは空欄だったC列（C2セル）に投稿した日時が入力されています（画面8）。

▼**画面8　C2セルに実行日時が登録されている**

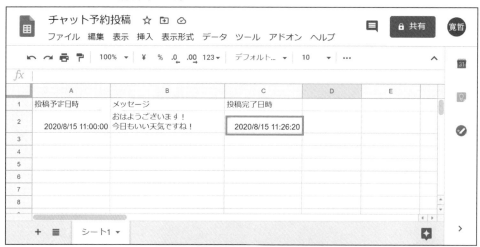

GASを実行するとC列に日時が登録されるよ

同じメッセージが何度も投稿されないように、GAS
実行時にはC列の値を確認しているんだね

この状態で再びスクリプトを実行しても、メッセージは送信されません。

投稿が完了してC列に値が入力されている行は送信対象から外れます。

なお、もう一度テスト送信をしたい場合は、C列のセルを空欄に戻してから実行してみてください。

トリガーの設定

スクリプトエディタから問題なく実行できたら、定期的に自動実行するようにトリガーを設定しましょう。

スクリプトエディタの時計マークのボタン、または「編集」メニューから「現在のプロジェクトのトリガー」をクリックしてトリガーの設定画面を開きます（画面9）。

▼**画面9　時計マークの「現在のプロジェクトのトリガー」ボタンをクリック**

トリガーで自動実行の設定を
しよう

今日から使える自動化サンプルスクリプト

画面10の右下の［トリガーを追加］ボタンをクリックしてください。

▼**画面10　右下の［トリガーを追加］ボタンをクリック**

トリガー設定画面が開きます（画面11）。

30分おきに自動で実行する場合は、次のように設定をします。

```
実行する関数を選択 … myFunction
実行するデプロイを選択 … Head
イベントのソースを選択 … 時間主導型
時間ベースのトリガーのタイプを選択 … 分ベースのトリガー
時間の間隔を選択 … 30分おき
```

設定したら［保存］ボタンをクリックします。

　トリガーを30分おきに設定した場合、30分おきにGASが実行され、その時に投稿予定日時を過ぎていたメッセージが投稿されます。ですので、投稿予定日時ピッタリに送信されるわけではありません。あらかじめご注意ください。

▼**画面11　トリガーの設定画面**

時間の間隔を短くすれば
指定の時刻に近い時刻で
送信されるけどGASの制
限にも気をつけてね

これでトリガーが設定できました（画面12）。

▼**画面12　トリガーが設定された**

これで定期的にGASが実行されるね

GAS実行時に指定した時刻を過ぎている
メッセージが自動で投稿されるんだね

　トリガーの実行間隔を短く設定すればより指定した時刻に近い時刻に送信される可能性が
高まりますが、GASの実行回数や実行時間の制限もありますので、他のスクリプトとのバラ
ンスを見ながら設定してみてください。

今日から使える自動化サンプルスクリプト

● スクリプトの解説

ここからはスクリプトのポイントを解説していきます。

● スプレッドーシートを取得する（13〜15行目）

SpreadsheetApp.getActiveSpreadsheet() は、コンテナバインド型のGASに紐付いている
スプレッドシートを取得します。

さらに、getSheetByName(シート名)で指定したシート名のシートを取得します。

```
13    // スプレッドシートを取得
14    const book = SpreadsheetApp.getActiveSpreadsheet();
15    const sheet = book.getSheetByName(SHEET_NAME);
```

● シートの最終行を取得してデータの有無を判定（18〜21行目）

Sheetオブジェクト.getLastRow() はシート上でデータが入っている最後の行の位置を取得
します。

```
18    // データの最終行を取得
19    const lastRow = sheet.getLastRow();
20    // データの有無を判定
21    if( lastRow > 1 ){ … }
```

今回のスクリプトでは、1行目にフィールド名が入るようにしていますので、最後の行の位
置が1以下であればシートにデータなし。1より大きければシートにデータが入っていること
になります。データがある場合は、中括弧‖の中を処理していきます。

● 現在の日時と昨日の0時0分を取得（22〜25行目）

投稿の対象を判定するために、2つの日時を取得しています。

```
22        // 現在の日時を取得
23        const now = new Date();
24        // 昨日の0時0分を取得
25        const yesterday = new Date(now.getFullYear(), now.getMonth(), now.
   getDate() - 1);
```

new Date() でDateオブジェクトを生成する時に、引数に何も入れない場合は現在の日時が
入ります（23行目）。

newDate(年, 月, 日)というように、引数を指定して生成すると、指定した日付になります。

25行目では、上で取得したnowを使用して現在の年、現在の月、現在の日 -1を指定することで昨日の日付のDateオブジェクトを生成しています。

●シートを読み込む（26〜28行目）

Rangeオブジェクト.getValues()は、セル範囲を2次元配列として取得するメソッドです。

```
26     // シートを読込む
27     const range = sheet.getRange( 2, 1, lastRow, sheet.getLastColumn() );
28     const values = range.getValues();
```

2次元配列は、配列の要素に配列が入っているものです。配列の要素がさらに配列になっています。

【1次元配列の例】
```
[ "2020/12/25 12:00", "メリークリスマス！", "2020/12/25 12:06" ]
```

【2次元配列の例】
```
[
  [ "2020/12/25 12:00", "メリークリスマス！", "" ],
  [ "2020/12/31 12:00", "良いお年を！", "" ],
  [ "2021/1/1 12:00", "明けましておめでとうございます！", "" ]
]
```

●行の数だけ繰り返し処理（29〜46行目）

シートを読み込んで取得した2次元配列valuesをfor文によって1行ずつ処理します。

```
29     // 行の数だけ繰り返し
30     for( let i=0; i<values.length; i++ ) { … }
```

カウンタ変数iを宣言して0を代入し、配列valuesの要素の数よりiが小さい間は処理を実行し、1回毎にiに1を足していく、という処理です。

●分割代入（33行目）

33行目では分割代入という便利な代入の方法を使用しています。

配列valuesには、2行目から最終行までの各行のデータが1つずつ要素として格納されています。

1行目のデータはvalues[0]で取り出すことができます。配列の最初の要素は0番目です。
さらに、行ごとのデータも配列になっていて、次のようなデータがそれぞれ格納されています。

```
[ "2020/12/25 12:00", "メリークリスマス！", "2020/12/25 12:06" ]
```

33行目ではそれぞれの要素を「分割代入」という手法で一気に代入しています。

```
31        // 分割代入
32        let estimatedDate, message, sentDate;
33        [ estimatedDate, message, sentDate ] = values[i];
```

通常だと次のように3行必要な処理が1行で済むのでスッキリしますし簡単です。

【通常は1つずつ代入】

```
estimatedDate = values[i][0];
message = values[i][1];
sentDate = values[i][2];
```

【分割代入なら1行でスッキリ】

```
[ estimatedDate, message, sentDate ] = values[i];
```

● **条件に合うか判定してメッセージを送信（34〜41行目）**

予定した日時が条件を満たすかどうか確認します。ここではif文で以下の4点をチェックし、すべて満たす場合にメッセージを送信します。

・メッセージが空欄でない
・投稿完了日時が空欄である
・投稿予定日時が昨日の0時0分以降
・投稿予定日時を過ぎている（現在の日時より投稿予定日時が古い）

```
34        // 条件をチェック
35        if( message && !sentDate && estimatedDate > yesterday &&
    estimatedDate < now ){
36          // メッセージを送信
37          postChatwork( message );
38          // postSlack( message );
39          // 送信時刻に現在の時刻を格納する
40          sentDate = now;
41        }
```

「なぜ、投稿予定日時が昨日の0時0分以降？」という声が聞こえてきそうですが、これは古すぎる日時が指定されているものを除外することで、設定ミスなどによる誤投稿を防ぐ狙いがあります。

最後に変数sentDateに現在の日時を代入しています。

配列を生成して更新用の配列に追加（42～45行目）

定数lineに投稿予定日時、メッセージ、投稿完了日時を格納した配列を代入して、シート更新用の配列に追加します。

```
42        // 配列を生成
43        const line = [ estimatedDate, message, sentDate ];
44        // 更新用の配列に追加
45        newValues.push( line );
```

配列.push(要素)で、配列の末尾に要素を追加しています。

更新用の配列の最初にフィールド名を挿入（49行目）

繰り返し処理が終わったら、シート更新用の配列の先頭にフィールド名の入った配列を追加します。

```
48      // 更新用の配列の最初にフィールド名を挿入
49      newValues.unshift([ '投稿予定日時', 'メッセージ', '投稿完了日時' ]);
```

さきほどのpush()は配列の最後に要素を追加するものでした。ここでは、配列.unshift(要素)を使って、配列の最初に要素を追加します。

●シートをクリアして更新用の配列を貼り付け（50〜53行目）

最後にシートを更新します。具体的には一度シートをすべてキレイにしてから、更新用の配列を貼り付けます。

```
50    // シートをクリア
51    sheet.clearContents();
52    // シートにデータを貼付けて終了
53    sheet.getRange(1,1,newValues.length,newValues[0].length).setValues(
      newValues );
```

Sheetオブジェクト.clearContents()で、シートにある値をすべてクリアできます。

Sheetオブジェクト.getRange()はシートを読み込む時にも利用しました。セルの範囲を取得します。

ここではさらに、setValues(newValues)で、取得した範囲に更新用の配列の値をセット（セル範囲に値を貼り付け）しています。

●カスタマイズにチャレンジ！

Chatworkをご利用の方は、メッセージ毎に投稿先のルームIDを指定できるようにカスタマイズすると、さらに便利なツールになります（画面13）。他にも、曜日と時間を指定する形式にするなど、少し難易度は上がりますが、さまざまな応用ができると思います。ぜひ挑戦してみてください。

▼画面13　カスタマイズの例

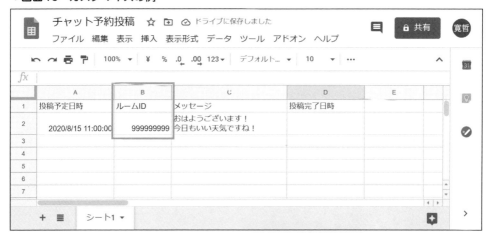

設定の列を増やしたりして
いろいろ挑戦してみよう

5-5 フォームが送信されたら自動返信メールとチャットを送信する（Googleフォーム）

やりたいこと

Googleフォームを作成し、フォームが送信されたら、送信した人のメールアドレスにお礼のメールを送り、フォームが送信されたことをチャットで通知します。

例えばWebセミナーを開催するとき、申込みフォームを作成して公開し、申込みしてくれた方に当日の接続用URLを自動で送り、申込み内容をメンバーに周知するということが自動で実現できます（図1）。

他にも、資料請求の問合せフォームとして公開し、問い合わせた方には資料のURLが記載されたメールを自動送信し、営業部門のチャットに通知されて営業担当者が電話でフォローするといった用途なども考えられます。

図1　ざっくりとした処理の流れ

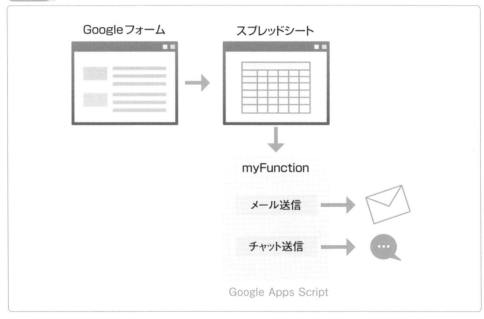

事前準備

Googleフォームと、フォームに紐付くスプレッドシート、さらにスプレッドシートに紐付くGASの3つを順番に作成します。

Googleドライブからフォームを作成する

まずGoogleドライブを開き、左上の［新規］ボタンからフォームを新規作成します（画面1）。

今日から使える自動化サンプルスクリプト

▼画面1 Googleドライブからフォームを新規作成する

まずはGoogleフォームから作成するよ

　フォームのタイトルを入力します。ここでは「お申込みフォーム」としました。さらに、右上の歯車のマークをクリックして設定を開きます（画面2）。

▼画面2 右上の歯車のマークをクリックして設定を開く

歯車のマークをクリックすると設定画面が表示されるよ

メールアドレスを収集するにチェックを入れて［保存］ボタンをクリックします（画面3）。

▼**画面3　メールアドレスを収集するにチェックして保存**

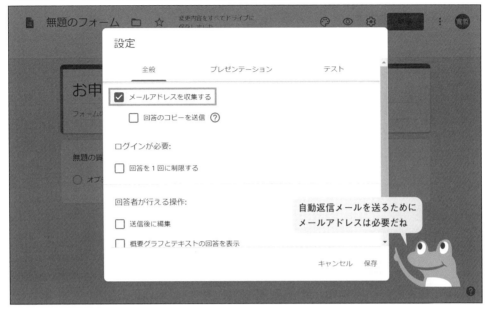

フォームの説明欄の下にメールアドレス入力欄が追加されます（画面4）。

▼**画面4　メールアドレスの入力欄が追加された**

今日から使える自動化サンプルスクリプト

　さらに、その下に「お名前」の入力欄をつくり、「記述式」を選択します。右下の必須トグルボタンもオンにしてください（画面5）。

　お名前の入力欄ができたら右側のメニューにある、◯の中に＋のマークをクリックして項目を追加します。

▼**画面5　お名前の入力欄をつくる**

　コメントの入力欄をつくり、「段落」を選択します。こちらも必須トグルボタンをオンにしておきましょう（画面6）。

▼**画面6　コメントの入力欄をつくる**

これでフォームができましたので、ページ上部の「回答」タブをクリックして、右側にある緑色の「スプレッドシートの作成」ボタンを押します（画面7）。

▼**画面7　回答タブをクリックしてスプレッドシートの作成ボタンをクリック**

Googleフォームからフォームに紐付くスプレッドシートを作成できるんだ

フォームからの回答は紐付けされたシートに自動で登録されるよ

回答先の選択画面が表示されますので、「新しいスプレッドシートを作成」を選択して［作成］ボタンをクリックします（画面8）。ファイル名はそのままでもかまいません。

▼**画面8　「新しいスプレッドシートを作成」を選択して［作成］ボタンをクリック**

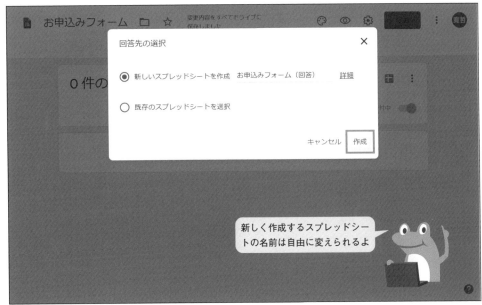

新しく作成するスプレッドシートの名前は自由に変えられるよ

今日から使える自動化サンプルスクリプト

5

Googleフォームに紐付いたスプレッドシートが作成されました（画面9）。

▼画面9　スプレッドシートが作成された

フォームの回答が登録される
シートが開くよ

ここで一度、Googleフォームの編集画面に戻ります。

画面10の右上のプレビューボタン（目のマーク）をクリックします。

▼画面10　フォーム編集画面の右上にある目のアイコン（プレビュー）をクリック

プレビューで入力用のフォーム
を表示するよ

今日から使える自動化サンプルスクリプト

5

入力用のフォームが表示されますので、入力項目をすべて埋めてテスト送信してみましょう（画面11）。

▼**画面11　申込みフォームからテスト送信する**

送信すると完了画面（画面12）が表示されます。

▼**画面12　フォーム送信完了画面**

先ほど作成したスプレッドシートを開くと、送信した内容が2行目に登録されています（画面13）。

▼**画面13 スプレッドシートに回答が登録された**

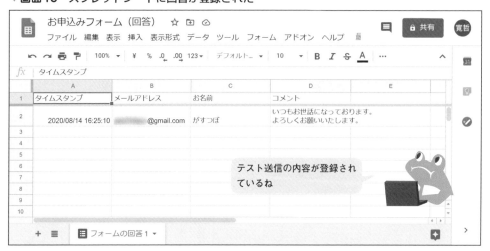

GASを作成する

　フォームから問題なく送信されているのを確認できたら、スプレッドシートを使用してGASをつくっていきます。スプレッドシートから作成するのでコンテナバインド型ですね。

　ツールメニューからスクリプトエディタをクリックします（画面14）。

▼**画面14 ツールメニューからスクリプトエディタをクリック**

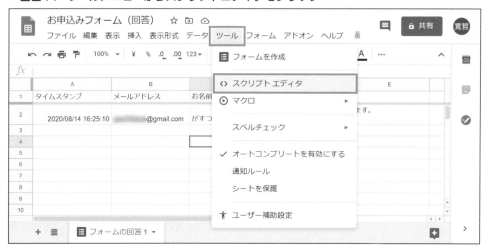

　画面15のように空っぽのmyFunctionが入力されていますが、一旦すべて消して、リスト1のコードを入力してください。

　といっても自力で全部入力するのは大変ですので、秀和システムのサポートページからサンプルファイルをダウンロードして、コードをコピー＆ペーストしてください。

▼**画面15　GASのスクリプトエディタ**

一度すべて消してスクリプト
を貼り付けよう

今日から使える自動化サンプルスクリプト

リスト1　コード全文

```
1  // --- 初期設定ここから ---
2  // Chatworkトークン
3  const CHARWORK_TOKEN = "xxxxxxxxxxxxxxxx";
4  // ChatworkルームID
5  const CHATWORK_ROOM_ID = 99999999;
6  // Slack Webhook URL
7  const SLACK_WEBHOOK_URL = "https://hooks.slack.com/services/Txxx/Bxxx/
   Dxxxxx";
8  // テスト用の配列 [タイムスタンプ,メールアドレス,名前,コメント]
9  const TEST_VALUES = ["2020/1/1","xxxxxx@gmail.com","がすつぼ","コメント
   "];
10 // --- 初期設定ここまで ---
11 // メインの関数
12 function myFunction(e) {
13   // 変数を定義
14   let timeStamp, email, name, comment;
15   // 送信された内容を取得して代入する
16   if(e) [timeStamp, email, name, comment] = e.values;
17   // テスト時はテスト用の値を代入
18   else [timeStamp, email, name, comment] = TEST_VALUES;
```

```
19    // メールの件名
20    const subject = "お申込みありがとうございます";
21    // メール本文
22    const body = `${name}様
23 お申込みいただきありがとうございます。
24 以下の内容でお申込みを承りました。
25 -----
26 お名前: ${name}
27 メール: ${email}
28 コメント: ${comment}
29 -----
30 時間になりましたら下のURLよりご参加ください。
31 https://xxxxxxxx`;
32    // メールを送信
33    GmailApp.sendEmail( email, subject, body );
34    // 通知メッセージを作成
35    const message = `${name}さんからお申込みが入りました。
36 メール: ${email}
37 コメント: ${comment}`;
38    // 通知メッセージを送信
39    postChatwork( message );
40    //postSlack( message );
41 }
42 // Chatworkにメッセージを送る
43 function postChatwork(message){
44    const params = {
45      "headers" : {"X-ChatWorkToken" : CHARWORK_TOKEN },
46      "method" : "POST",
47      "payload" : {
48        "body" : message,
49        "self_unread" : "1"
50      }
51    };
52    const url = `https://api.chatwork.com/v2/rooms/${CHATWORK_ROOM_ID}/
   messages`;
53    UrlFetchApp.fetch(url, params);
54 }
55 // Slackにメッセージを送る
56 function postSlack(message){
57    const params = {
58      "method" : "POST",
```

```
59      "contentType" : "application/json",
60      "payload" : JSON.stringify({ "text" : message })
61    };
62    const response = UrlFetchApp.fetch(SLACK_WEBHOOK_URL, params);
63  }
```

初期設定

スクリプトを入力できたら上部にある初期設定のエリアを修正します。

Chatworkの場合、Chatworkトークンと投稿するルームIDを入力してください。

Slackの場合、投稿するスレッドのWebhookURLを入力してください。

それぞれの取得方法がわからない場合は、前章をご確認ください。

テスト用の配列（8～9行目）

フォームからの実行の前に、GASでテストを実行しますので、その時に利用するために適当な値を入れておきます。テストでもメールが送信されますので、メールアドレスはご自分のメールアドレスにしておくと良いでしょう。

送信するチャットを選択（38～40行目）

今回のコードもChatworkとSlack両方に対応しています。38～40行目で使用する関数を選べます。こちらはお使いのチャットサービスの関数を実行するように設定してください。使わない方はコメントアウトしてください。

【Chatworkに送信する場合】

```
38      // メッセージを送信
39      postChatwork(message);
40      // postSlack(message);
```

テスト実行する

初期設定が終わりましたらフロッピーの保存ボタンを押して保存しましょう。

プロジェクト名を入れていない場合はここで入力欄が表示されますので適当に名前を入力してください。

「関数を選択」プルダウンから「myFunction」を選択して三角マークの実行ボタンまたは虫マークのデバッグボタンをクリックします。

初回の実行時に許可を確認する画面が表示されます。[許可を確認]ボタンをクリックします。

「アカウントの選択」画面ではGoogleアカウントを選択します。

今日から使える自動化サンプルスクリプト

5

「このアプリは確認されていません」の画面では、左下の「詳細」をクリックし、下に表示される「<プロジェクト名>（安全ではないページ）に移動」をクリックします。

「<プロジェクト名>がGoogle アカウントへのアクセスをリクエストしています」の画面では右下の［許可］ボタンをクリックします。

これでスクリプトが実行されます。

通知先をChatworkにして実行した結果がこちらです（画面16）。

▼**画面16　実行結果（Chatworkの場合）**

Slackの場合でも同様のメッセージが届くよ

画面16のように通知されればテスト成功です。あわせてメールが届いているかどうかも確認してみてください。

● **トリガーの設定**

問題なくテストが実行できたら、フォームが送信されたときに自動実行するようトリガーを設定しましょう。

スクリプトエディタの時計マークのボタン、または「編集」メニューから「現在のプロジェクトのトリガー」をクリックしてトリガーの設定画面を開きます（画面17）。

▼**画面17　時計マークの「現在のプロジェクトのトリガー」ボタンをクリック**

時計マークのボタンからトリガーの設定画面を開こう

　プロジェクトのトリガーの一覧画面が表示されます。右下の［トリガーを追加］ボタンをクリックしてください（画面18）。

▼**画面18　右下の「トリガーを追加」ボタンをクリック**

トリガーの設定画面が開きます（画面19）。

▼画面19　トリガーの設定画面

今回は時間ベースではなく、GASが紐付けられているスプレッドシートがトリガーになるね

フォーム送信時に実行するには、次のように設定をします。

```
実行する関数を選択  …  myFunction
実行するデプロイを選択  …  Head
イベントのソースを選択  …  スプレッドシートから
イベントの種類を選択  …  フォーム送信時
```

設定したら［保存］ボタンをクリックします。追加で承認が必要な画面が出てきたら初回実行時と同様に許可してください。

これでトリガーが設定できました（画面20）。

今日から使える自動化サンプルスクリプト

▼**画面20　トリガーが設定された**

フォーム送信時に自動実行されるトリガーが作成できたね

スクリプトの解説

ここからはスクリプトのポイントを解説していきます。

変数を定義する（13〜14行目）

最初にこの後で使う変数を定義します。このように、複数の変数をカンマ（,）で区切って一度に定義することができます。

```
13    // 変数を定義
14    let timeStamp, email, name, comment;
```

ここでは変数の定義だけで、値の代入はしていません。この後で分割代入という手法を使うのでここでは変数名だけを定義して中身は空っぽの状態にしています。

フォームの値を取得（12、15〜18行目）

今回は関数myFunctionで引数（e）を受け取ります。フォームの送信によるトリガーで関数を実行すると、送信されたフォームの内容を引数で受け取ることができます。

フォームの値を引数eで受け取って、16行目で受け取った値をそれぞれの変数に代入して

います。

```
12  function myFunction(e) {
      (中略)
15      // 送信された内容を取得して代入する
16      if(e) [timeStamp, email, name, comment] = e.values;
17      // テスト時はテスト用の値を代入
18      else [timeStamp, email, name, comment] = TEST_VALUES;
```

e.valuesには、フォームの項目の値が順番に配列として格納されています。最初の要素（0番目）はタイムスタンプ（送信された日時）が格納されていて、次の要素（1番目）以降は作成したフォームの項目が格納されています。

今回のサンプルでは、タイムスタンプ、メールアドレス、名前、コメントの4つの要素が格納されていますので、それぞれ変数のtimeStamp, email, name, commentに代入します。

ここでは「分割代入」という手法を使っています。これにより次のように4行必要な処理が1行で済むのでスッキリします。

【通常は1つずつ代入】

```
timeStamp = e.values[0];
email = e.values[1];
name = e.values[2];
comment = e.values[3];
```

【分割代入なら1行でスッキリ】

```
[timeStamp, email, name, comment] = e.values;
```

なお、フォームからの送信トリガーで実行されたときには引数eが取得できますが、スクリプトエディタの画面上から実行やデバッグを行ったとき、引数eは空っぽになります。そうすると、その後の処理に支障が出るため、18行目で引数eが取得できなかった場合にテスト用の値を代入するようにしています。

これによってスクリプトエディタ上でテスト実行ができるようになっています。

● メール本文を作成する（21〜31行目）

変数bodyを定義してメールの本文を作成していきます。

中に変数の値を埋め込みたい時は、文字列全体をバッククォート（`）で囲んで、${変数名}

という形式で変数を埋め込みます。テンプレート文字列（テンプレートリテラル）と呼ばれる機能です。

ちなみにバッククォート（`）はバックティックやグレイヴ・アクセント、アクサングラーブとも呼ばれます。呼び方がたくさんありますが同じ文字です。

●メールを送信する（33行目）

GmailApp.sendEmail()は、引数にメールアドレス、件名、本文の3つの変数を指定してメールを送信します。

```
32    // メールを送信
33    GmailApp.sendEmail( email, subject, body );
```

●チャットにメッセージを送信（34〜40行目）

メールの本文と同様に、チャットへ通知するメッセージを定数messageに代入し、39または40行目でチャットを送信する関数を呼出して送信します。

●カスタマイズにチャレンジ！

今回のフォームではメールアドレス、名前、コメントの欄を作成して使用しましたが、フォームの項目を増やすことも可能です。その場合は、9行目、14行目、16行目、18行目にある配列と変数を追加・修正してみてください。

また、メール本文や通知メッセージをカスタマイズしてさまざまな用途で使えます。アンケートや問い合わせフォーム、プチテストなど、アイディア次第で使い方は無限大です。いまの仕事にベストな使い方を考えて活用してみてください。

やりたいこと

Google スプレッドシートに入力した値からグラフ入りのドキュメントを作成し、指定したメールアドレスにPDFを添付して送信します（図1）。

例えば、取引先に自社サービスの月別利用実績をレポートで送信したり、営業メンバーのカテゴリ別売上金額をメンバー毎に個別にメールしたりできます。

作成したグラフはGoogle ドライブにも自動で保存されます。

図1 ざっくりとした処理のイメージ

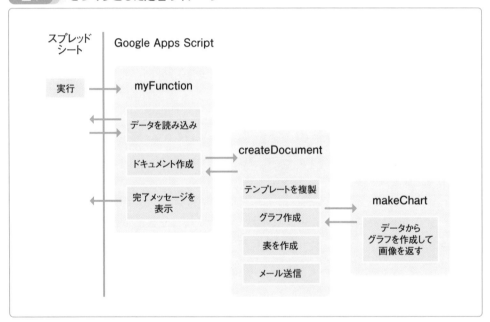

事前準備

作成したドキュメントを保存するフォルダと、テンプレートとなるドキュメント、データを入力しGASを実行するスプレッドシートを作成します。

Google ドライブでフォルダを作成する

まずGoogle ドライブを開き、画面1の左上の［新規］ボタンからフォルダを新規作成します。新規フォルダの作成方法がわからない場合は、5-2節で解説していますのでご確認ください。

フォルダを作成できたら、作成したフォルダを開きます。

このとき、URLが次のような形式で表示されています（画面1）。

https://drive.google.com/drive/folders/1xxxxxxxxxxxxxxxxxxxxxxxxxxxxxxx

URLの中で「/folders/」の後に続いている文字がこのフォルダのIDです。

このフォルダIDはスクリプトの中で使用しますので、コピーしてメモしておきましょう。

▼**画面1　フォルダのURLにあるフォルダIDを確認する**

フォルダIDは「1」から始まる
文字列になっているよ

●**Google ドキュメントを作成する**

次にテンプレートとなるGoogle ドキュメントを作成します。

場所はどこでもかまいません。適当なフォルダで左上の［新規］ボタンをクリックし、
Google ドキュメントで空白のドキュメントをクリックします（画面2）。

▼**画面2　Google ドライブで空白のドキュメントを作成する**

テンプレートとなるドキュメ
ントを作成するよ

　適当にドキュメントの名前を入力します。ここでは「レポートのテンプレート」としました（画面3）。

　ドキュメントの本文に「※タイトル※」と入力し、スタイルを「タイトル」にしてください。

▼**画面3　ドキュメント本文に「※タイトル※」と入力し、スタイルを「タイトル」にする**

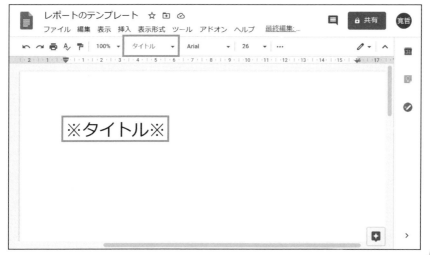

他に文字装飾したり枠線をつ
けたりしてもかまわないよ

5

今日から使える自動化サンプルスクリプト

現在開いているドキュメントのURLが次のような形式で表示されていると思います。

https://docs.google.com/document/d/1xxxxxxxxxxxxxxxxxxxxxxxxxxxxxx/edit

URLの中で「/d/」から「/edit」の間にある長い文字がこのドキュメントのIDです。このドキュメントIDもスクリプトの中で使用しますのでメモしておきましょう（画面4）。

▼画面4　URLからドキュメントIDを取得できる

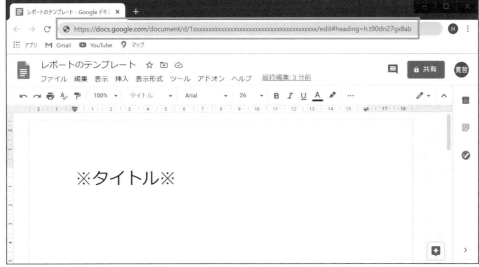

ドキュメントIDも「1」から始まる文字列だよ

GASを作成する

ドキュメントまで作成できたら、次にスプレッドシートからコンテナバインド型のGASを作成していきます。

スプレッドシートを作成する

今回のGASはスプレッドシートに紐付いたコンテナバインド型で作成します。

まずGoogleドライブを開き、左上の［新規］ボタンからGoogleスプレッドシートで空白のスプレッドシートを新規作成します（画面5）。

▼**画面5　空白のスプレッドシートを作成する**

● **スプレッドシートに入力する**

　スプレッドシートを作成したら適当に名前をつけてください。ここでは「レポート作成＆送信」としました（画面6）。

　画面6では、1行目のセルに左から、「メールアドレス」、「タイトル」、「4月」、…「9月」と入力します。
　次の2行目のセルに左から、送信先のメールアドレス、適当なタイトル、適当な数値を9月の下まで入力します。

▼**画面6　スプレッドシートに入力を行う**

	A	B	C	D	E	F	G	H
1	メールアドレス	タイトル	4月	5月	6月	7月	8月	9月
2	@gmail.com	がすつぼ売上レポート	15	20	30	50	23	32

画面のようにスプレッドシートに入力していこう

セルの色は変えても変えなくてもいいよ

入力ができたら、ツールメニューからスクリプトエディタをクリックして開きます（画面7）。

▼**画面7　ツールメニューからスクリプトエディタをクリック**

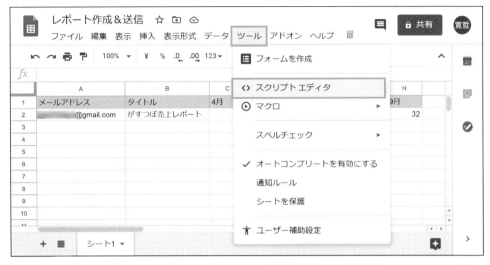

入力ができたらスクリプトエ
ディタを開こう

　空のmyFunctionが入力されていますが（画面8）、一旦すべて消して、リスト1のコードを入力してください。

　といっても自力で全部入力するのは大変ですので、秀和システムのサポートページからサンプルファイルをダウンロードして、コードをコピー＆ペーストしてください。

▼**画面8　スクリプトエディタ**

一旦すべて消してスクリプト
を貼り付けよう

今日から使える自動化サンプルスクリプト

5

リスト1	スクリプト全文

```
1  /*---- 初期設定ここから ----*/
2  // フォルダのID
3  const FOLDER_ID = '1xxxxxxxxxxxxxxxxxxxxxxxxx';
4  // テンプレートドキュメントのID
5  const DOCUMENT_ID = '1xxxxxxxxxxxxxxxxxxxxxxxxxxxxxxxxxxxx';
6  // データの系列名
7  const SERIES = "売上件数";
8  // 画像の最大幅（px）
9  const WIDTH = 600;
10 const HEIGHT = 400;
11 /*---- 初期設定ここまで ----*/
12 // スプレッドシートを開いたときにメニューを追加する関数
13 function onOpen(){
14   SpreadsheetApp.getUi()
15     .createMenu('GAS')
16     .addItem('実行する', 'myFunction')
17     .addToUi();
18 }
19 // メインのファンクション
20 function myFunction(){
21   // データ読み込み
22   const sheet = SpreadsheetApp.getActiveSheet();
23   const range = sheet.getRange( 1, 1, sheet.getLastRow(), sheet.
   getLastColumn() );
24   const values = range.getValues();
25   // 1行ずつ繰り返し
26   for( let i=1; i<values.length; i++ ){
27     // ドキュメント作成＆メール送信
28     createDocument( values[0], values[i] );
29   }
30   // メッセージボックスを表示
31   const message = "ファイルを作成して送信しました。";
32   Browser.msgBox( message );
33 }
34 // ドキュメントを作成する関数
35 function createDocument( fields, values ) {
36   // keysにフィールド名の3列目以降を代入する
37   const keys = fields.slice( 2, values.length );
38   // valuesの1つめの要素を取り出してemailに代入
```

```
39    const email = values.shift();
40    // valuesの1つめの要素を取り出してtitleに代入
41    const title = values.shift();
42    // IDからフォルダを取得
43    const folder = DriveApp.getFolderById( FOLDER_ID );
44    // テンプレートを取得
45    const template = DriveApp.getFileById( DOCUMENT_ID );
46    // ファイル名を指定
47    const fileName = title;
48    // フォルダにテンプレートのコピーを作成してファイル名をつける
49    const newFile = template.makeCopy( fileName, folder );
50    // 作成したファイルを開く
51    const document = DocumentApp.openById( newFile.getId() );
52    // ボディを取得
53    let body = document.getBody();
54    // 予約語をリプレース
55    body.replaceText( "※タイトル※", title );
56    // グラフ作成用の配列を初期化
57    let data = [];
58    // グラフ作成用の配列にデータを1件ずつ格納する
59    for( let i=0; i<values.length; i++ ){
60      // 配列をつくる
61      const row = [keys[i],values[i]];
62      // 配列dataに配列rowを要素として追加
63      data.push(row);
64    }
65    // グラフを作成する
66    const chart = makeChart(data,title);
67    // ドキュメントに作成したグラフを追加
68    body.appendImage(chart);
69    // 表のための2次元配列をつくる（1行目→keys、2行目→values）
70    const cells = [keys,values];
71    // 2次元配列から表を作成してドキュメント本体に追加
72    let table = body.appendTable(cells);
73    // 最初の行に色を付ける
74    for(let i=0;i<cells[0].length;i++){
75      table.getCell(0,i).setBackgroundColor("#eeeeee");
76    }
77    // ドキュメントを保存して閉じる
78    document.saveAndClose();
79    // メールを送信する
```

今日から使える自動化サンプルスクリプト

```
80    if( email ) sendMail( document, email );
81    return true;
82  }
83  // チャートを作成する関数
84  function makeChart(data,title){
85    // グラフ用のデータテーブルを定義して項目列とデータ列を追加
86    let dataTable = Charts.newDataTable()
87    .addColumn(Charts.ColumnType.STRING, title)
88    .addColumn(Charts.ColumnType.NUMBER, SERIES);
89    // データとなる配列を1行ずつ追加
90    for(let row of data){
91      dataTable.addRow(row);
92    }
93    dataTable.build();
94    // グラフにデータをセットして画像にする
95    let chart = Charts.newColumnChart()
96    .setDataTable(dataTable) // データをセットする
97    .setOption('legend.position', 'in') // 凡例をグラフの内側にする
98    .setTitle(title) // タイトルをセットする
99    .setDimensions(WIDTH, HEIGHT) // 幅x高さ
100   .build() // グラフを作成
101   .getBlob(); // 画像データを取得
102   return chart;
103 }
104 // メールを送信する関数
105 function sendMail( document, mailTo ){
106   // メール件名
107   const subject = "○○レポート";
108   // メール本文
109   let body = "お世話になっております。\n\n"
110   body += "レポートをお送りします。\n"
111   body += "添付のPDFファイルにてご確認ください。\n\n"
112   body += "よろしくお願いいたします。";
113   // ドキュメントのBlobオブジェクトをPDFにして取得
114   const attachment = document.getBlob().getAs(MimeType.PDF);
115   // 送信先メールアドレスの不要なスペース削除
116   mailTo = mailTo.replace( /\s/g, "" );
117   // 送信先メールアドレスのチェック用正規表現
118   const reg = /^[a-zA-Z0-9.!#$%&'*+\/=?^_`{|}~-]+@[a-zA-Z0-9-]+(?:\.
      [a-zA-Z0-9-]+)+$/;
119   // 送信先メールアドレスが正規表現と一致するかチェック
```

```
120    if( mailTo.match(reg) ){
121      // 添付ファイルをつけてメールを送信
122      GmailApp.sendEmail(mailTo, subject, body, {attachments:[attachment]});
123    }
124 }
```

初期設定

スクリプトを入力できたら上部にある初期設定のエリアを修正します。

フォルダIDとドキュメントID（2〜5行目）

さきほど作成したフォルダとドキュメントのIDをそれぞれ入力してください。

```
// フォルダのID
const FOLDER_ID = '1xxxxxxxxxxxxxxxxxxxxxxxxxxxx';
// テンプレートドキュメントのID
const DOCUMENT_ID = '1xxxxxxxxxxxxxxxxxxxxxxxxxxxxxxxxxxxxxxxxxxx';
```

テスト実行する

初期設定ができたらフロッピーマークの保存ボタンを押して保存しましょう。

プロジェクト名を入れていない場合はここで入力欄が表示されますので適当に名前を入力してください。

「関数を選択」プルダウンから「myFunction」を選択して三角マークの実行ボタンまたは虫マークのデバッグボタンをクリックします。

初回の実行時に許可を確認する画面が表示されます。［許可を確認］ボタンをクリックします。

「アカウントの選択」画面ではGoogleアカウントを選択します。

「このアプリは確認されていません」の画面では、左下の「詳細」をクリックし、下に表示される「＜プロジェクト名＞（安全ではないページ）に移動」をクリックします。

「＜プロジェクト名＞がGoogle アカウントへのアクセスをリクエストしています」の画面では右下の［許可］ボタンをクリックします。

これでスクリプトが実行されます。

今回のスクリプトは処理の最後でスプレッドシートにメッセージを表示します。実行を開始したらスプレッドシートを確認してみましょう。無事に実行されるとメッセージが表示されます（画面9）。

5

今日から使える自動化サンプルスクリプト

▼**画面9　スプレッドシートにメッセージが表示されている**

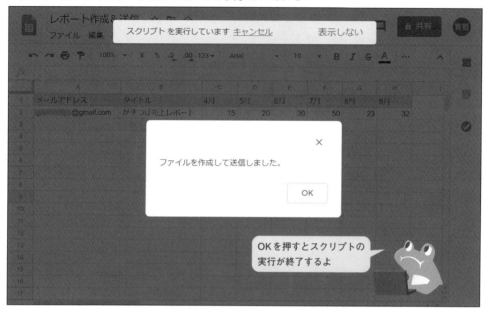

Googleドライブで指定したフォルダを確認してみましょう。処理が成功していれば、指定したフォルダにドキュメントが作成されています（画面10）。

▼**画面10　指定したフォルダにドキュメントが作成されている**

ドキュメントを開いて内容を確認してみましょう。タイトルが記載され、グラフと表が表示されています（画面11）。

▼**画面11　作成されたドキュメントの内容**

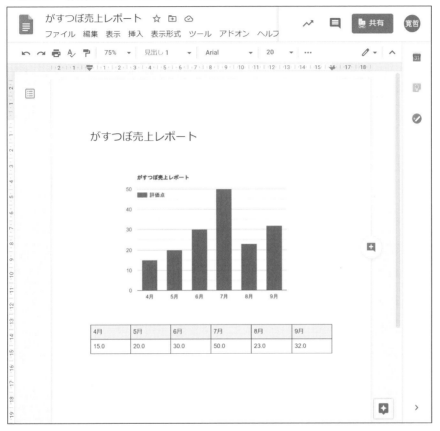

グラフ付きのドキュメントが
できているね

さらに、メールも送信されているか確認してみましょう。PDFが添付されたメールが届いていればテスト完了です（画面12）。

▼**画面12　メールに作成したドキュメントのPDFが添付されている**

作成したドキュメントのPDF
ファイルが添付されているね

スプレッドシートから実行する

　今回のスクリプトでは、スプレッドシートのメニューからも実行できるようにしています。スプレッドシートを開いて数秒すると上部のメニューの右端に「GAS」というメニューが追加されます（画面13）。表示されていない場合は、ブラウザを更新してみてください。

▼**画面13　スプレッドシートを開き直すと「GAS」メニューが表示される**

スクリプトエディタを開かな
くてもスプレッドシートから
実行できて便利だね

今日から使える自動化サンプルスクリプト

　GASの画面を開かなくてもスプレッドシートから実行できるなら、GASのことを知らない方にも実行してもらうことができそうですね。

　スプレッドシートの項目名も項目の数も自由に変えられます（画面14）。
　行を増やして複数の宛先にそれぞれ別のドキュメントを作成して送信できますので、いろいろとテストしてみてください。

▼**画面14　カスタマイズの例**

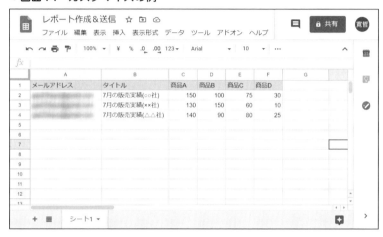

スクリプトの解説

　ここからはスクリプトのポイントを解説していきます。

メニューを追加する（12〜18行目）

　onOpenというイベントハンドラを使うとスプレッドシートを開いたときに処理が自動で実行されます。今回のスクリプトでは、メニューバーに「GAS」というメニューと「実行する」というアイテムを追加するために使用しました。

```
12  function onOpen(){
      // 処理
18  }
```

　onOpenの中には、スプレッドシートにメニューを追加する処理を書いています。

```
14    SpreadsheetApp.getUi()
15      .createMenu('GAS')
16      .addItem('実行する', 'myFunction')
17      .addToUi();
```

今日から使える自動化サンプルスクリプト

225

SpreadsheetApp.getUi()でスプレッドシートのUiクラスを取得しています。

UiクラスのUiはユーザーインターフェース（user-interface）のことで、ここではスプレッドシートのメニューやサイドバーなどを操作できるようにするものです。ここにメソッドを追加していきます。

createMenu('GAS')　で「GAS」というメニューを追加します。

addItem('実行する', 'myFunction')　で「GAS」のメニューに「実行する」というアイテムを追加し、クリックしたらmyFunctionが実行されるように設定します。

addToUi(); で上のメニューの設定を実際にユーザーインターフェースに挿入しています。

addItemを複数並べればアイテムを複数に増やすこともできます。活用すればスプレッドシートからいろんな処理を実行できそうですね。

データの読み込み（21〜24行目）

ここではシートのデータを読み込んでいます。

```
21      // データ読み込み
22      const sheet = SpreadsheetApp.getActiveSheet();
23      const range = sheet.getRange( 1, 1, sheet.getLastRow(), sheet.
   getLastColumn() );
24      const values = range.getValues();
```

SpreadsheetApp.getActiveSheet() でGASが紐付いているスプレッドシートをSheetオブジェクトとして取得します。

続いて、Sheetオブジェクト.getRange(行番号, 列番号, 行数, 列数) で指定したセル範囲をRangeオブジェクトとして取得します。

さらに、Rangeオブジェクト. getValues() で、セル範囲の値を2次元配列で取得します。

1行ずつ繰り返してデータを1行ずつ処理（25〜29行目）

for文を使ってスプレッドシートのデータを1行ずつ処理してきます。

1行目はフィールド名が入っているので、カウンタ変数iは0（＝1行目）ではなく1（＝2行目）から始めています。

ここでは関数createDocumentを呼び出してドキュメントの作成とメールの送信をしています。

このとき、引数にはフィールド名（スプレッドシートの1行目）の配列（values[0]）と、データ行の配列（values[i]）を渡しています。

```
25      // 1行ずつ繰り返し
26      for(let i=1;i<values.length;i++){
27        // ドキュメント作成＆メール送信
28        createDocument( values[0], values[i] );
29      }
```

● メッセージボックスを表示する（30〜32行目）

myFunctionの最後にメッセージボックスを表示する処理を入れています。

```
30      // メッセージを表示
31      const message = "ファイルを作成して送信しました。";
32      Browser.msgBox( message );
```

処理が終わったらメッセージボックスを表示します（画面15）。

▼ **画面15　メッセージボックスの表示**

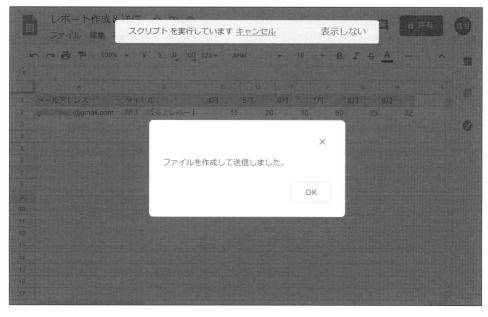

> メッセージが表示されるとわ
> かりやすいね

　ちなみに、このメッセージボックスも実行される処理の一部になりますので、表示された
メッセージボックスで［OK］ボタンが押されるまでは実行中になります。［OK］ボタンが押
されたら処理が完了します。

今日から使える自動化サンプルスクリプト

関数createDocument（34～82行目）

関数createDocumentでは、ドキュメントの作成からメール送信までを処理しています。

引数はfieldsとvaluesの2つの配列を受け取ります。

fieldsはフィールド名（スプレッドシートの1行目）の配列が、valuesにはデータ行の配列がそれぞれ入っているので、最初に要素を取り出しています。

```
36    // keysにフィールド名の3列目以降を代入する
37    const keys = fields.slice( 2, values.length );
38    // valuesの1つめの要素を取り出してemailに代入
39    const email = values.shift();
40    // valuesの1つめの要素を取り出してtitleに代入
41    const title = values.shift();
```

1列目と2列目（配列の番号で0番目と1番目）はそれぞれ「メールアドレス」と「タイトル」という文字列が入っているはずです。この部分はグラフに使うフィールド名には不要ですね。

そこで、配列fieldsの3列目（2番目）以降をコピーして、新たに配列keysへ代入します。

配列オブジェクト.slice(開始位置, 終了位置)は、元の配列の開始位置から終了位置までのコピーを新しい配列オブジェクトに作成して返します（37行目）。

また、配列valuesには、0番目にメールアドレス、1番目にタイトルが入っていますので、それぞれ定数emailと定数titleへ、配列valuesからshift()を使って要素を取り出します。

「配列.shift()」は0番目の要素を取り除き、取り除かれた値を返すことができます。ですので、配列valuesの0番目の要素は削除されます。

ここではshift()を2回行っていますので、配列valuesはもともと3列目（配列の番号で2番目）だった要素から最後までの配列に短くなっています。

これでkeysにデータ項目名が入り、valuesにはkeysの項目に対応する値が入りました。この2つの配列は、後ほどグラフを作成するために使用します。

ドキュメントを作成して開く（42～53行目）

フォルダIDからフォルダを取得し、ドキュメントIDからテンプレートのドキュメントを取得します。

```
42    // IDからフォルダを取得
43    const folder = DriveApp.getFolderById( FOLDER_ID );
44    // テンプレートを取得
45    const template = DriveApp.getFileById( DOCUMENT_ID );
```

```
46    // ファイル名を指定
47    const fileName = title;
48    // フォルダにテンプレートのコピーを作成してファイル名をつける
49    const newFile = template.makeCopy( fileName, folder );
```

「ファイル.makeCopy(ファイル名, フォルダ)」でフォルダの中にファイルのコピーを作成して指定したファイル名をつけます。

指定したフォルダの中にテンプレートのドキュメントがコピーされて名前がつけられます。

このファイルに表やグラフを追加していきます。

```
50    // 作成したファイルを開く
51    const document = DocumentApp.openById( newFile.getId() );
52    // ボディを取得
53    let body = document.getBody();
```

「ファイル.getId()」で新しく作成したファイルのIDを取得できます。

このファイルIDを使って「DocumentApp.openById(ファイルID)」でドキュメントを取得しています（51行目）。

さらに、「ドキュメント.getBody()」でドキュメントの本文を取得すると、ドキュメントの中身（本文）を扱うことができます（53行目）。

● ドキュメントの文字列を置換する（54〜55行目）

さきほどテンプレートのドキュメントで「※タイトル※」を入力しました。この文字をタイトルに置き換えます。

```
54    // 予約語をリプレース
55    body.replaceText( "※タイトル※", title );
```

「replaceText(置換前の文字列, 置換後の文字列) 」でドキュメントにある文字列を置き換えられます。今回は「※タイトル※」を置換しましたが、他にもテンプレートのドキュメント内に置換するための文字列を仕込んでおいて、置換することができます。

GASを使用して1からドキュメントを作成することもできますが、書式の設定などをスクリプトで書いて指定するのはかなり大変です。あらかじめ書式も指定済みのテンプレートを用意しておき、指定の文字を置換するだけの方が簡単ですぐに修正やカスタマイズもできるのでおすすめです。

5

今日から使える自動化サンプルスクリプト

グラフを作成する（83～103行目）

　今回のサンプルスクリプトでは、スプレッドシートから取得したデータを加工し、関数makeChartにデータを渡してグラフを作成しています。

　作成したグラフはgetBlog()で画像データにして関数createDocumentの変数chartに戻して、ドキュメントに追加しています。

　グラフの作成は2つのステップがあります。

　1つめは、元となるデータテーブルの作成。2つめは、グラフの見せ方の調整です。ここでは、サンプルスクリプトから1度脱線して、基本的なグラフ作成を別のサンプルを用いて確認してみましょう。

　Googleの公式ドキュメント（https://developers.google.com/apps-script/reference/charts）に公開されているグラフ作成のサンプルスクリプトを日本語に訳して載せておきます。

リスト2　　Googleが公開しているスクリプト

```
// データテーブルの作成
var dataTable = Charts.newDataTable()
    .addColumn(Charts.ColumnType.STRING, '月')
    .addColumn(Charts.ColumnType.NUMBER, '実店舗')
    .addColumn(Charts.ColumnType.NUMBER, 'オンライン販売')
    .addRow(['1月', 10, 1])
    .addRow(['2月', 12, 1])
    .addRow(['3月', 20, 2])
    .addRow(['4月', 25, 3])
    .addRow(['5月', 30, 4])
    .build();
// グラフの見せ方の調整
var chart = Charts.newAreaChart()
    .setDataTable(dataTable)
    .setStacked()
    .setRange(0, 40)
    .setTitle('月別売上')
    .build();
```

　データテーブルはテーブル（表）ですので、行と列でできています。

　まずaddColumnで列（column）を3つ追加していますね。その後に、列で指定したデータ形式に合わせた要素の入った行（row）を配列として追加しています。

　最後に「build()」してデータテーブルが完成です。

（左余白縦書き）
5

今日から使える自動化サンプルスクリプト

グラフの見せ方の調整を細かく見てみると、まずは「setDataTable(dataTable)」でデータをセットしています。次に、「setStacked()」で積み上げグラフにし、「setRange(0, 40)」でグラフのデータ幅を指定して、「setTitle('月別売上')」でタイトルを指定しています。

このグラフの作成方法を応用して、本書のスクリプトも記述していますが、データテーブルの作成でfor文を使用したりなど、基本的な部分がわかりにくいので、別の例で説明しました。とはいえ、初心者には少々むずかしいので、わからなくても深く考え込む必要はありません。スクリプト本文も細かくコメントを入れていますのでご確認ください。

表を作成する（69〜76行目）

グラフで使用したデータを元にテーブルを作成します。GASでGoogleドキュメントに表を作成する方法はいくつかありますが、先に2次元配列をつくってappendTable()を使用するのが簡単でおすすめです。

70行目では、バラバラだった項目名と値の配列を2次元配列にしてcellsに代入しています。そして2次元配列cellsで表をドキュメントに追加しています。

```
69    // 表のための2次元配列をつくる（1行目→keys、2行目→values）
70    const cells = [keys,values];
71    // 2次元配列から表を作成してドキュメント本体に追加
72    let table = body.appendTable(cells);
```

さらに、そのままでは見た目がよくないので、73〜76行目でセルに背景色をつけています。for文を使って、作成したTableオブジェクト（table）の1行目のセルを1つずつ取得（getCell(0,列番号)）してsetBackgroundColor(色)で背景色（"#eeeeee"）を設定しています。

```
73    // 1行目のセルに背景色を付ける
74    for(let i=0;i<cells[0].length;i++){
75      table.getCell(0,i).setBackgroundColor("#eeeeee");
76    }
```

今日から使える自動化サンプルスクリプト

5

Column 色を指定する方法

色は16進数（0,1,2,3,4,5,6,7,8,9,a,b,c,d,e,f）で指定できます。半角のシャープ（#）の後に、赤緑青の順番でそれぞれの明るさを2桁ずつの16進数で指定します。

#000000なら黒、#ffffffなら白、#ff0000なら赤になります。

サンプルスクリプトの#eeeeeeは薄い灰色になります。

● ドキュメントを保存して閉じる（78行目）

作成したドキュメントを添付ファイルとしてメールする前に、ここまでの変更を保存します。Documentオブジェクト.saveAndClose()を使用します。

ちなみに保存しないでメールを送信すると、テンプレートをコピーした時点のファイルが送られてしまいます。

```
77    // ドキュメンを保存して閉じる
78    document.saveAndClose();
```

● メールを送信する関数sendMail（104〜124行目）

作成したドキュメントをPDFに変換し、添付ファイルとしてメールを送信します。サンプルではsendMailという関数を作成して処理をしています。

ドキュメントをPDFに変換しているのは114行目です。

まずDocumentオブジェクト.getBlob()でドキュメントのBlobオブジェクトを取得しています。ちなみにBlobはBinary Large Objectの略で、データを交換（変換）するためのオブジェクトです。

Blobオブジェクトをget As(MimeType.PDF)でPDFに変換してattachmentに格納します。

```
113   // ドキュメントのBlobオブジェクトをPDFにして取得
114   const attachment = document.getBlob().getAs(MimeType.PDF);
```

● 正規表現でメールアドレスをチェックする（115〜120行目）

今回はスプレッドシート上でメールアドレスを指定するので、**正規表現**でメールアドレスをチェックするようにしました。

まずは116行目。スプレッドシートでありがちなことの1つが、気づかないうちに不要なスペースが入ってしまう問題ですが、「文字列.replace(/\s/g, "")」でスペース文字を削除できます。

「/\s/g」の部分が正規表現で、「\s」はスペース文字を表します。ちなみに「/g」は置き換えたい文字が複数含まれていた場合にそのすべてを置き換えるオプションです。

```
115     // 送信先メールアドレスの不要なスペース削除
116     mailTo = mailTo.replace( /\s/g, "" );
```

次に、118行目を見てみましょう。定数regに代入しているのがメールアドレスをチェックするための正規表現です。ちょっと長いですが、この正規表現と一致するかどうかでメールアドレスとして利用できるかどうかを確認しています。

```
117     // 送信先メールアドレスのチェック用正規表現
118     const reg = /^[a-zA-Z0-9.!#$%&'*+\/=?^_`{|}~-]+@[a-zA-Z0-9-]+(?:\.
        [a-zA-Z0-9-]+)+$/;
119     // 送信先メールアドレスが正規表現と一致するかチェック
120     if( mailTo.match(reg) ){ … }
```

正規表現は文字を置換したり抽出したりチェックしたりと文字列を扱う時に利用するととても便利です。正規表現だけで本が一冊つくれるくらい奥が深いのと、初心者には少しハードルが高いので本書では簡単に紹介する程度にしますが、興味のある方は次のサイトも参考にしてみてください。

●正規表現（MDN）

https://developer.mozilla.org/ja/docs/Web/JavaScript/Guide/Regular_Expressions

添付ファイルをつけてメールを送信する（122行目）

122行目でメールを送信します。添付ファイルをつけて送信する場合は次のようにします。

```
    GmailApp.sendEmail(送信先アドレス, 件名, 本文, {attachments:[添付ファイ
    ル1,添付ファイル2,…]})
```

今回は添付ファイルが1つだけなので、要素となる添付ファイルは1つしか指定しませんが、それでも配列として角括弧[]で囲いましょう。

カスタマイズにチャレンジ！

今回のスクリプトは、わかりやすく縦棒グラフ（ColumnChart）でシンプルなグラフを作成しましたが、グラフの種類は他にもたくさんあります。

今日から使える自動化サンプルスクリプト

5

例えば95行目のCharts.newColumnChart()のところをCharts.newPieChart()に変えてみてください。PieChartは円グラフなので、円グラフを作成できます（画面16）。

【棒グラフ】

```
let chart = Charts.newColumnChart()
```

【円グラフ】

```
let chart = Charts.newPieChart()
```

グラフの種類によっては使えないオプションもあったりしますが、ぜひいろいろ挑戦してみてください。

▼**画面16　円グラフを指定した場合**

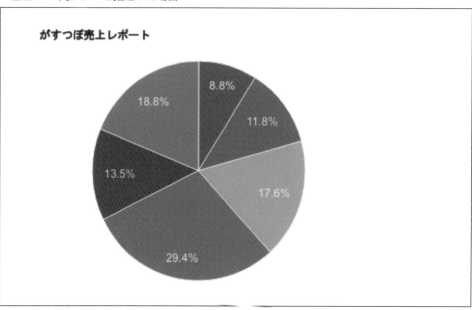

円グラフもいいね

他にもいろんなグラフがあるので
チャレンジしてみよう

明日の予定を自動でチャットに通知する（Googleカレンダー）

やりたいこと

Googleカレンダーで明日の予定を取得して、チャットに自動で投稿するスクリプトです。トリガーを毎日夕方頃に設定しています。カレンダーを1つだけ取得するスクリプトはネット上にたくさんありますので、今回は複数のカレンダーを取得してまとめて配信するスクリプトにしました。

複数のカレンダーを取得して、チームのメンバーの予定を通知すればスケジュールの確認や調整ができます。家族でGoogleカレンダーを使っている方や、個人でも仕事用とプライベート用のカレンダーを分けている方におすすめです（図1、画面1）。

図1 設計図

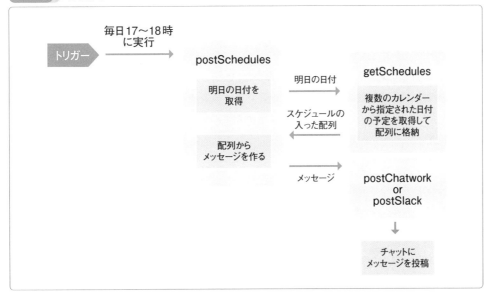

▼**画面1　実行結果のイメージ**

複数のカレンダーの予定を1度に通知できるよ

事前準備

最初にGoogleカレンダーの設定を行います。

今回のサンプルでは他のGoogleアカウントのカレンダーも取得して予定を共有できますが、そのためにはカレンダーを共有する設定が必要になります（図2）。

カレンダーを共有する側と共有される側でそれぞれ設定していきましょう。

図2　カレンダーの共有と登録のイメージ

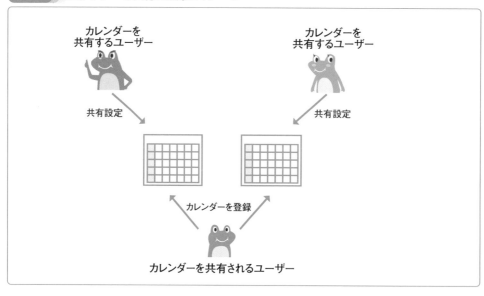

● 共有する側のカレンダー設定

　まずは共有する側のGoogleカレンダーを開きましょう。

　画面右上の歯車マークをクリックするとメニューが表示されますので「設定」をクリックします（画面2）。

▼**画面2　右上の歯車マークから「設定」をクリック**

　マイカレンダーの設定から共有したいカレンダーを選び、特定のユーザーとの共有にある［ユーザーを追加］ボタンをクリックします（画面3）。

▼**画面3　「特定のユーザーとの共有」にある「ユーザーを追加」をクリック**

　次に共有するユーザーのアカウントのメールアドレスを入力します。

　権限の欄は「予定の表示（すべての予定の詳細）」か、それ以上の権限を選択して「送信」

今日から使える自動化サンプルスクリプト

をクリックします（画面4）。

▼**画面4 共有するユーザーのメールアドレスを入力し、権限を選択して送信**

特定のユーザーと共有

　　　　@gmail.com

権限
予定の表示（すべての予定の詳細）　　　　▼

キャンセル　　送信

特定のユーザーに予定を表示
する権限を与えるよ

「特定のユーザーと共有」にユーザーが追加されました（画面5）。

▼**画面5 「特定のユーザーと共有」にユーザーが追加された**

← 設定

全般
カレンダーを追加　　∨
インポート / エクスポート

マイカレンダーの設定
● 永妻寛哲　　∧
　　カレンダーの設定
　　アクセス権限
　　特定のユーザーとの共有
　　予定の通知
　　終日の予定の通知
　　その他の通知

特定のユーザーとの共有
　　　　@gmail.com（オーナー）
　　　　@gmail.com　　　予定の表示（すべての予定の詳細）▼

＋ ユーザーを追加
詳しくは、他の人とカレンダーを共有するをご覧ください

予定の通知
このカレンダー上の予定に関する通知が届きます。
これらの通知をオプトインすると、カレンダーのオーナーにアラートが届き、通知が表示される可能性があります

通知 ▼　30　分 ▼　×

＋ 通知を追加

カレンダーを共有しているユーザー
がここに表示されるよ

　さらに「カレンダーの統合」の欄を見ると「カレンダーID」が表示されています（画面6）。
こちらは共有される側の設定で利用します。

今日から使える自動化サンプルスクリプト

▼**画面6** カレンダーの統合欄にカレンダーIDが表示されている

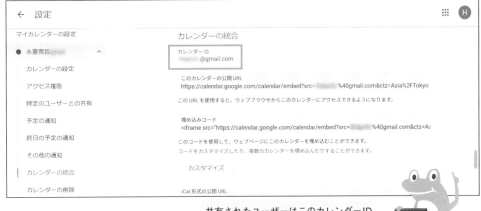

共有されたユーザーはこのカレンダーID
を使って表示の設定をするよ

☑ *Point* カレンダーIDの形式

カレンダーIDは、メインのカレンダーの場合はGmailのメールアドレス、メインとは別に
新しく作成したカレンダーの場合は「xxxxxxxxxxxxxxx@group.calendar.google.com」のよ
うなIDになっています。

共有される側のユーザーの操作

次に、共有される側のユーザーの設定をしていきます。

共有される側のユーザーでGoogleカレンダーにログインしてください。

画面左の「他のカレンダー」の右にある「＋」をクリックします（画面7）。

▼**画面7** 画面左の「他のカレンダー」の右にある「＋」をクリック

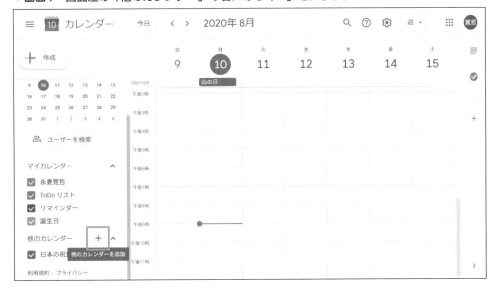

今日から使える自動化サンプルスクリプト

5

メニューが表示されますので「カレンダーに登録」をクリックします（画面8）。

▼**画面8 「カレンダーに登録」をクリック**

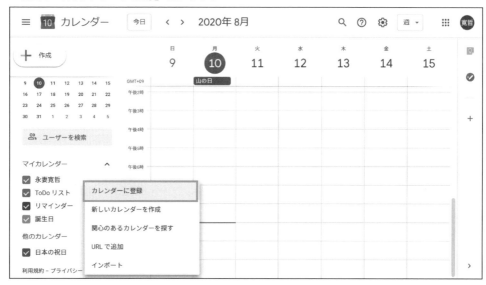

メールアドレスまたはカレンダーIDを入力して Enter キーを押します（画面9）。

▼**画面9 メールアドレスまたはカレンダーIDを入力して Enter キーを押す**

権限が与えられていればカレンダーが追加されカレンダーの設定画面が表示されます（画面10）。

▼画面10　カレンダーの設定画面が表示された

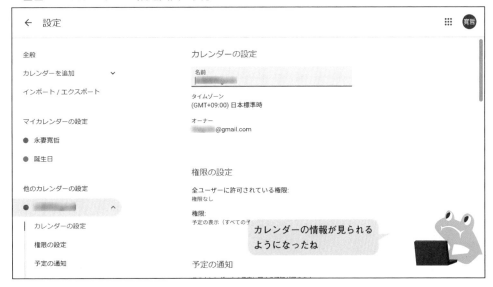

これで共有されたカレンダーを参照できるようになりました（画面11）。

▼画面11　共有されたカレンダーが表示された

GASを作成する

　カレンダーの共有を設定したら、GASをつくっていきましょう。

　今回はスタンドアロン型で作成します。Googleドライブを開いて、［新規］ボタンから Google Apps Scriptを選択して開きます（画面12）。

▼**画面12** Googleドライブでスタンドアロン型のGASを新規作成する

GASが作成され、スクリプトエディタが表示されました（画面13）。

▼**画面13** GASが作成され、スクリプトエディタの画面が表示される

　画面13のように空っぽのmyFunctionが入力されていますが、一旦すべて消して、リスト1のサンプルコードの全文を入力してください。

　といっても自力で全部入力するのは大変ですので、秀和システムのサポートページからサ

ンプルファイルをダウンロードして、コードをコピー＆ペーストしてください。

リスト1　サンプルスクリプト全文

```
1  // --- 初期設定ここから ---
2  // Chatworkトークン
3  const CHARWORK_TOKEN = "xxxxxxxxxxxxxxxxxxxxxxxxxxxxxx";
4  // ChatworkルームID
5  const CHATWORK_ROOM_ID = 999999999;
6  // Slack Webhook URL
7  const SLACK_WEBHOOK_URL = "https://hooks.slack.com/services/Txxx/Bxxx/
   Dxxxx";
8  // カレンダーIDのリスト
9  const CALENDARS = [
10   "aaaaaaaa@gmail.com",
11   "bbbbbbbb@gmail.com",
12   "cccccccccccc@group.calendar.google.com"
13  ];
14  // --- 初期設定ここまで ---
15  // 指定したカレンダーの1日の予定をチャットに送る関数
16  function postSchedules() {
17    // 今日の日付を取得
18    const date = new Date();
19    // 明日の日付をセット
20    date.setDate( date.getDate() + 1 );
21    // スケジュールを取得する
22    const schedules = getSchedules( date );
23    // チャットに送るメッセージ
24    let message = Utilities.formatDate(date, 'Asia/Tokyo', 'yyyy/MM/dd')
   + "の予定\n";
25    if( schedules.length === 0 ) message += "予定はありません。";
26    // スケジュールの数だけ繰り返し
27    for( let schedule of schedules ){
28      // メッセージにカレンダー名を追加
29      message += `[ ${schedule.name} ]\n`;
30      // メッセージに予定を追加
31      for( let event of schedule.events ){
32        message += `${event.start}-${event.end} ${event.title}\n`;
33      }
34    }
35    // メッセージを送信
36    postChatwork(message);
```

今日から使える自動化サンプルスクリプト

```
37       postSlack(message);
38   }
39   // 予定を取得する関数
40   function getSchedules( date ){
41       // 各カレンダーのスケジュールを入れる配列schedulesを宣言
42       const schedules = [];
43       // カレンダーの数だけ繰り返し
44       for(let i=0; i<CALENDARS.length; i++){
45         // カレンダーIDからカレンダーを取得
46         const calendar = CalendarApp.getCalendarById(CALENDARS[i]);
47         // カレンダーが取得できなかったらログを残して次へ
48         if( calendar === null ){
49           console.log( CALENDARS[i] + "のカレンダーを取得できません");
50           continue;
51         }
52         // 指定した日付の予定を取得
53         const events = calendar.getEventsForDay( date );
54         // 予定がなければ次へ
55         if( events.length === 0 ) continue;
56         // スケジュールを入れるオブジェクトを宣言
57         const schedule = {};
58         // プロパティnameにカレンダー名を入れる
59         schedule.name = calendar.getName();
60         // プロパティに配列eventsを宣言
61         schedule.events = [];
62         // 予定の数だけ繰り返し
63         for(const event of events){
64           const title = event.getTitle(); //予定のタイトル
65           // 予定の開始時刻を取得してHH:mm形式に変換
66           const startTime = Utilities.formatDate(event.getStartTime(),
     "Asia/Tokyo", "HH:mm");
67           // 予定の終了時刻を取得してHH:mm形式に変換
68           const endTime = Utilities.formatDate(event.getEndTime(), "Asia/
     Tokyo", "HH:mm");
69           // 予定オブジェクトをつくる
70           const obj = {
71             title: title,
72             start: startTime,
73             end: endTime
74           };
75           // 予定のオブジェクトを配列eventsに追加
```

今日から使える自動化サンプルスクリプト

5

```
 76          schedule.events.push(obj);
 77        }
 78      // 配列 shedules にオブジェクト schedule を追加
 79      schedules.push(schedule);
 80    }
 81    // 配列 schedules を返す
 82    return schedules;
 83  }
 84  // Chatworkにメッセージを送る
 85  function postChatwork(message){
 86    const params = {
 87      "headers" : {"X-ChatWorkToken" : CHARWORK_TOKEN },
 88      "method" : "POST",
 89      "payload" : {
 90        "body" : message,
 91        "self_unread" : "1"
 92      }
 93    };
 94    const url = `https://api.chatwork.com/v2/rooms/${CHATWORK_ROOM_ID}/
    messages`;
 95    UrlFetchApp.fetch(url, params);
 96  }
 97  // Slackにメッセージを送る
 98  function postSlack(message){
 99    const params = {
100      "method" : "POST",
101      "contentType" : "application/json",
102      "payload" : JSON.stringify({ "text" : message })
103    };
104    const response = UrlFetchApp.fetch(SLACK_WEBHOOK_URL, params);
105  }
```

初期設定

コードを入力できたら上部にある初期設定のエリアを修正します。

Chatworkの場合、Chatworkトークンと投稿するルームIDを入力してください。

Slackの場合、投稿するスレッドのWebhookURLを入力してください。

それぞれの取得方法がわからない場合は、前章をご確認ください。

フォルダIDとドキュメントID（8〜13行目）

さきほど作成したフォルダとドキュメントのIDをそれぞれ入力してください。

今日から使える自動化サンプルスクリプト

```
 8   // カレンダーIDのリスト
 9   const CALENDARS = [
10     "xxxxxxxx@gmail.com",
11     "yyyyyyyy@gmail.com",
12     "zzzzzzzzzzzzz@group.calendar.google.com"
13   ];
```

送信するチャットを選択（35～37行目）

今回のサンプルでもChatworkとSlack両方に対応しています。35～37行目で使用する関数を選べます。こちらはお使いのチャットサービスの関数を実行するように設定してください。使わない方はコメントアウトしてください。

【Chatworkに送信する場合】

```
35       // メッセージを送信
36       postChatwork( message );
37       // postSlack( message );
```

実行する

初期設定が終わったらフロッピーのマークの保存ボタンを押して保存しましょう。

プロジェクト名を入れていない場合はここで入力欄が表示されますので適当に名前を入力してください（画面14）。

▼画面14　プロジェクト名を入力する

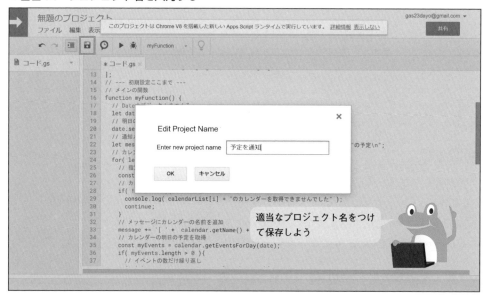

適当なプロジェクト名をつけて保存しよう

「関数を選択」プルダウンから「postSchedules」を選択して三角マークの実行ボタンまたは虫マークのデバッグボタンをクリックします。

初回の実行時に許可を確認する画面が表示されます。［許可を確認］ボタンをクリックします。

「アカウントの選択」画面ではGoogleアカウントを選択します。

「このアプリは確認されていません」の画面では、左下の「詳細」をクリックし、下に表示される「＜プロジェクト名＞（安全ではないページ）に移動」をクリックします。

「＜プロジェクト名＞がGoogle アカウントへのアクセスをリクエストしています」の画面では右下の［許可］ボタンをクリックします。

これでスクリプトが実行されます。

通知先をChatworkにして実行した結果が画面15になります。

▼**画面15　実行結果**

Slackの場合でも同様のメッセージが届くよ

トリガーの設定

無事に実行ができたら毎日夕方に自動で実行されるようにトリガーを設定しましょう。時計のマークの「現在のプロジェクトのトリガー」ボタンをクリックします（画面16）。

▼**画面16** 「現在のプロジェクトのトリガー」ボタンをクリック

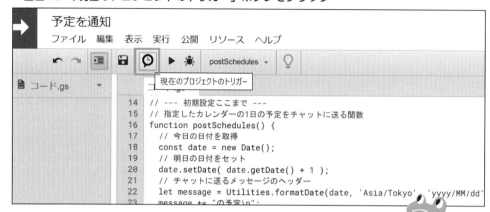

定期的に自動実行するために
トリガーを追加しよう

トリガーの設定画面が表示されたら。右下の［トリガーを追加］ボタンをクリックします（画面17）。

▼**画面17** トリガーの設定画面右下の［トリガーを追加］ボタンをクリック

画面18のようにトリガーを追加する画面が表示されますので、次のように選択して右下の［保存］ボタンをクリックします。

実行する関数 … postSchedules
イベントのソース … 時間主導型

時間ベースのトリガー　…　日付ベースのタイマー
時刻を選択　…　午後5時〜6時

▼**画面18　トリガーの追加画面**

サンプルでは17時台に実行されるように設定しているよ

状況に合わせて最適な時間帯に設定してね

トリガーが保存されました（画面19）。
これで毎日17時〜18時の間に明日のスケジュールが通知されます。

▼**画面19　トリガーが保存された**

オーナー	前回の実行	導入	イベント	関数	エラー率
自分	-	Head	時間ベース	postSchedules	-

1ページあたりの行数：25

+ トリガーを追加

これで夕方に翌日の予定が通知されるようになるね

スクリプトの解説

最後にスクリプトの解説をします。理解できなければ無理せず読みとばしてもかまいません。カスタマイズするときなどに参考にしてみてください。

予定を取得したい日付を設定する（17～20行目）

最初に変数dateに新しいDateオブジェクトを生成します（18行目）。

```
17    // 今日の日付を取得
18    const date = new Date();
19    // 明日の日付をセット
20    date.setDate( date.getDate() + 1 );
```

dateを明日の日付にするためにsetDate()で「日」を設定しています。

例えば、dateが2020年8月15日だった場合、

```
date.setDate(1); // 2020-08-01
date.setDate(31); // 2020-08-31
```

というように、カッコの中に数字を入れることでその日付に設定できます。

サンプルコードでは、カッコの中にdate.getDate() + 1 が入っています。

getDate() は「日」を取得するメソッドですので、dateが2020年8月15日だった場合、date.getDate() の値は、15です。

すなわち、date.getDate() + 1 とすると、15に1を足すので16になりますね。

date.setDate(date.getDate() + 1); は date.setDate(16); となるので、dateは20行目で2020年8月16日、つまり翌日の日付に設定されます。

関数getSchedulesを呼び出す（22行目）

明日の日付を取得できたら、カレンダーから予定を取得します。サンプルスクリプトではカレンダーから予定を取得する部分を関数getSchedulesとして切り出しました。明日の日付の入った変数dateを引数に指定して呼び出しています。

```
21    // スケジュールを取得する
22    const schedules = getSchedules( date );
```

カレンダーの数だけ繰り返し（43〜80行目）

ここからは関数カレンダーIDを複数指定しますので、カレンダーID毎に繰り返し処理行います。今回はもっとも基本的なfor文を使います。

```
43    // カレンダーの数だけ繰り返し
44    for(let i=0; i<CALENDARS.length; i++){
        （中略）
80    }
```

カウンタ変数iを宣言して0を代入し、配列CALENDARSの要素の数よりiが小さい間は処理を実行し、1回毎にiに1を足していく、という処理です。

配列CALENDARSに3つのカレンダーIDがある場合、変数iの値が3以下となる、0と1と2の合計3回処理されることになります（配列の要素は0番目から始まります）。

カレンダーを取得する（45〜46行目）

CalendarApp.getCalendarById(カレンダーID)でカレンダーを取得することができます。

```
45    // カレンダーIDからカレンダーを取得
46    const calendar = CalendarApp.getCalendarById(CALENDARS[i]);
```

カレンダー名を取得する（58〜59行目）

さらに、カレンダー名を取得するときには、getName()を使います。

```
58    // プロパティnameにカレンダー名を入れる
59    schedule.name = calendar.getName();
```

なお、getName()では、「変更および共有の管理権限」を持つユーザーがカレンダー設定の「名前」欄で指定した名前を取得します。

カレンダーを取得できなかった場合の処理（47〜51行目）

権限が設定されていないなどで取得できないカレンダーがあった場合はログに出力します。

```
47    // カレンダーが取得できなかったらログを残して次へ
48    if( calendar === null ){
49      console.log( CALENDARS[i] + "のカレンダーを取得できません");
50      continue;
51    }
```

今日から使える自動化サンプルスクリプト

カレンダーが取得できなかった場合、定数calendarにはnullが入ります。calendarがnull
だった場合に中括弧 ‖ の中の処理を実行します。

49行目では取得できなかったカレンダーIDをログに出力します。

50行目では次のループに進むcontinue;がありますので、後続の処理は実行せず、次の繰り
返しに進みます。

● カレンダーから特定の日付の予定を取得する（52〜53行目）

getEventsForDay(Dateオブジェクト)でDateオブジェクトの日付の予定（イベント）を配
列で取得できます。

```
52      // 指定した日付の予定を取得
53      const events = calendar.getEventsForDay( date );
```

ここで定数eventsにdateで指定した日付（ここでは明日）の予定が配列で代入されます。

● 予定の数だけ繰り返し（62〜77行目）

明日の予定が取得できたら、予定を1つずつオブジェクトobjにして配列scheduleに追加し
ていきます。

```
62      // 予定の数だけ繰り返し
63    for(const event of events){
64       const title = event.getTitle(); //予定のタイトル
65       // 予定の開始時刻を取得してHH:mm形式に変換
66       const startTime = Utilities.formatDate(event.getStartTime(),
   "Asia/Tokyo", "HH:mm");
67       // 予定の終了時刻を取得してHH:mm形式に変換
68       const endTime = Utilities.formatDate(event.getEndTime(), "Asia/
   Tokyo", "HH:mm");
69       // 予定オブジェクトをつくる
70       const obj = {
71         title: title,
72         start: startTime,
73         end: endTime
74       };
75       // 予定のオブジェクトを配列eventsに追加
76       schedule.events.push(obj);
77    }
```

配列schedulesを戻り値として返す（81～82行目）

さて、関数getSchedulesの最後の行では配列schedulesをreturnしてします。つまり、呼出し元の関数postSchedulesに配列schedulesが返されます。

```
81    // 配列 schedules を返す
82    return schedules;
```

ここで、その中身がどうなっているか、イメージを確認してみましょう。

```
schedules = [
  {
    name: "Aさんのカレンダー",
    events: [
      {
        title: "午前のミーティング",
        start: "10:00",
        end: "11:00"
      },
      {
        title: "午後の打合せ",
        start: "14:00",
        end: "15:00"
      }
    ]
  },
  {
    name: "Bさんのカレンダー",
    events: [
     （中略）
    ]
  }
]
```

このように、配列schedulesの中には、カレンダー名とイベントの配列が入ったオブジェクトがカレンダーの数の分だけ格納されています。

これを利用して、このあとは通知するためのメッセージを作成していきます。

今日から使える自動化サンプルスクリプト

通知するメッセージをつくる（23〜34行目）

ここで関数postSchedulesに戻ります。23行目からは、22行目で関数getSchedulesを実行して取得した配列schedulesを使って、通知メッセージをつくっていきます。

```
23    // チャットに送るメッセージ
24    let message = Utilities.formatDate(date, 'Asia/Tokyo', 'yyyy/MM/dd');
25    message += "の予定\n";
26    // スケジュールの数だけ繰り返し
27    for( let schedule of schedules ){
28      // メッセージにカレンダー名を追加
29      message += `[ ${schedule.name} ]\n`;
30      // メッセージに予定を追加
31      for( let event of schedule.events ){
32        message += `${event.start}-${event.end} ${event.title}\n`;
33      }
34    }
```

まずは24〜25行目で変数messageを宣言してチャットへ通知するメッセージの1行目を代入しています。「2020/08/15の予定」のような形式でタイトルがメッセージに代入されます。

GASにはDateオブジェクトを文字列に変換するUtilities.formatDate()という便利なメソッドがあります。

書式

```
Utilities.formatDate(Dateオブジェクト, タイムゾーン, 日付フォーマット)
```

タイムゾーンは日本標準時なら"Asia/Tokyo "を指定します。日付フォーマットは"yyyy/MM/dd"にしましたが、"yyyy年M月d日(E)"など、ご自分で見やすいように変更してもかまいません。

続いて、関数getSchedulesを実行して取得した配列schedulesを要素の数だけ繰り返し、メッセージに追記しています。

具体的には、まずカレンダー名を追加し（29行目）、次に予定の入った配列eventsの要素を使って「10:00-11:00 午前のミーティング」のような形式でメッセージに1行ずつ追加しています（31〜33行目）。

なお、終日の（時刻を指定しない）予定は開始時刻も終了時刻も「00:00」になります。

繰り返し処理が終わり、メッセージが完成したらチャットに送信されます。

カスタマイズにチャレンジ！

　今回のスクリプトでは夕方に明日の予定を通知する設定でしたが、朝に当日の予定を通知することもできます。

　その場合は、予定を取得する日付を今日の日付のままにして、トリガーを朝の時間帯にしてみましょう。

一日の振り返り議事録を作成する
（Google カレンダーと Google ドキュメント）

やりたいこと

コロナ禍でリモートワークが増え、メンバーが何をしているか把握できないという課題もでています。筆者の所属する会社では、毎日夕方5時からオンライン会議で今日一日にやったことを共有する振り返りミーティングを始めました。

このミーティングで話したことは議事録に残しているのですが、今日やったことを全部入力するのにかなり手間がかかっていました。結局、今日やったことはカレンダーに登録されているので、それぞれのカレンダーから予定を自動取得して、ミーティング開始時には議事録が自動で作成されているようにしたところ好評でしたので、こちらにスクリプトを掲載しました。

このスクリプトは前節で作成した1日の予定をチャットに通知するスクリプトを応用しています。基本的には、通知用のメッセージ文を作成していた部分を、ドキュメントを作成するように変更しただけです（図1、画面1）。トリガーは16〜17時の間で設定するとよいでしょう。

図1 設計図

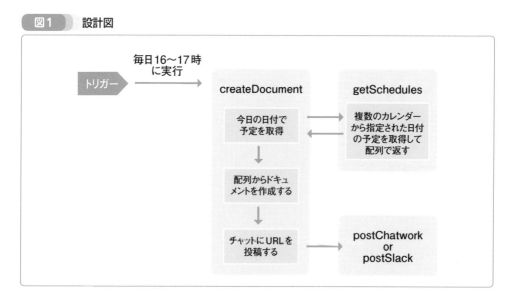

▼画面1　実行結果のイメージ

このような議事録のドキュメントが自動で作成されるよ

事前準備

Google カレンダーの共有の設定は前節と同じですので前節をご参照ください。

議事録を格納するフォルダを作成してIDを取得する

Google ドライブに議事録を格納するためのフォルダと、議事録のテンプレートとなるドキュメントを作成してください。作成したらフォルダのURLからフォルダIDをコピーしましょう。URLの「…/folders/」の後に続く英数字がフォルダのIDです（画面2）。

▼画面2　フォルダを作成してテンプレートとなるドキュメントを作成しフォルダIDを取得

フォルダを作成してURLから「1」から始まるフォルダIDを取得しよう

● テンプレートドキュメントを作成してIDを取得する

　議事録のテンプレートとなるドキュメントは、タイトルとその下に書記を記入する欄をつくりました。他にも自由に入力してください（画面3）。

　なお、タイトルの中に「※日付※」という文字がありますが、これはスクリプトでドキュメントを作成したときに当日の日付に置き換えられます。

▼**画面3　議事録テンプレート**

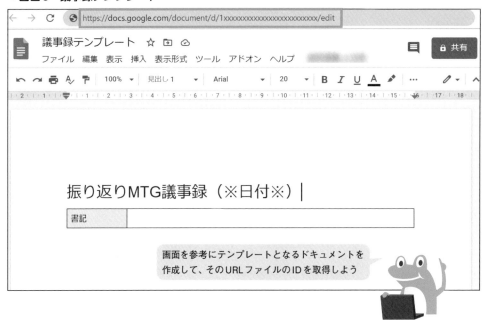

　作成したら、ドキュメントのURLにあるファイルIDをコピーしておきましょう。URLの「…/d/1xxxxxxx/edit」の「1xxxxxxx」の部分がファイルのIDです。スクリプトの中で設定します。

● 前節で作成したGASを開く

　今回は応用編ということで、前節で作成したGASにスクリプトを追加しましょう。サンプルスクリプトの初期設定部分である14〜18行目と、111行目以降の関数createDocumentです。

　追記といっても自力で全部入力するのは大変ですので、秀和システムのサポートページからリスト1のサンプルファイルをダウンロードして、スクリプトをコピー＆ペーストしてください。

リスト1 サンプルスクリプト全文

```
 1  // --- 初期設定ここから ---
 2  // Chatworkトークン
 3  const CHARWORK_TOKEN = "xxxxxxxxxxxxxxxxxxxxxxxxxxxxx";
 4  // ChatworkルームID
 5  const CHATWORK_ROOM_ID = 999999999;
 6  // Slack Webhook URL
 7  const SLACK_WEBHOOK_URL = "https://hooks.slack.com/services/Txxx/Bxxx/
    Dxxxx";
 8  // カレンダーIDのリスト
 9  const CALENDARS = [
10    "aaaaaaaa@gmail.com",
11    "bbbbbbbb@gmail.com",
12    "cccccccccc@group.calendar.google.com"
13  ];
14  // --- 議事録作成の初期設定ここから ---                    追加①ここから
15  // テンプレートドキュメントのID
16  const TEMPLATE = '1xxxxxxxxxxxxxxxxxxxxxxxxxxxxxxxxx';
17  // 議事録を格納するフォルダのID
18  const PARENT_FOLDER_ID = '1xxxxxxxxxxxxxxxxxxxxxxxxxxxxxxx';
19  // --- 初期設定ここまで ---                              追加①ここまで
20  // 指定したカレンダーの1日の予定をチャットに送る関数
21  function postSchedules() {
22    // 今日の日付を取得
23    const date = new Date();
24    // 明日の日付をセット
25    date.setDate( date.getDate() + 1 );
26    // スケジュールを取得する
27    const schedules = getSchedules( date );
28    // チャットに送るメッセージ
29    let message = Utilities.formatDate(date, 'Asia/Tokyo', 'yyyy/MM/dd')
    + "の予定\n";
30    if( schedules.length === 0 ) message += "予定はありません。";
31    // スケジュールの数だけ繰り返し
32    for( let schedule of schedules ){
33      // メッセージにカレンダー名を追加
34      message += `[ ${schedule.name} ]\n`;
35      // メッセージに予定を追加
36      for( let event of schedule.events ){
37        message += `${event.start}-${event.end} ${event.title}\n`;
```

```
38       }
39     }
40     // メッセージを送信
41     postChatwork(message);
42     // postSlack(message);
43   }
44   // 予定を取得する関数
45   function getSchedules( date ){
46     // 各カレンダーのスケジュールを入れる配列schedulesを宣言
47     const schedules = [];
48     // カレンダーの数だけ繰り返し
49     for(let i=0; i<CALENDARS.length; i++){
50       // カレンダーIDからカレンダーを取得
51       const calendar = CalendarApp.getCalendarById(CALENDARS[i]);
52       // カレンダーが取得できなかったらログを残して次へ
53       if( calendar === null ){
54         console.log( CALENDARS[i] + "のカレンダーを取得できません");
55         continue;
56       }
57       // 指定した日付の予定を取得
58       const events = calendar.getEventsForDay( date );
59       // 予定がなければ次へ
60       if( events.length === 0 ) continue;
61       // スケジュールを入れるオブジェクトを宣言
62       const schedule = {};
63       // プロパティnameにカレンダー名を入れる
64       schedule.name = calendar.getName();
65       // プロパティに配列eventsを宣言
66       schedule.events = [];
67       // 予定の数だけ繰り返し
68       for(const event of events){
69         const title = event.getTitle(); //予定のタイトル
70         // 予定の開始時刻を取得してHH:mm形式に変換
71         const startTime = Utilities.formatDate(event.getStartTime(),
     "Asia/Tokyo", "HH:mm");
72         // 予定の終了時刻を取得してHH:mm形式に変換
73         const endTime = Utilities.formatDate(event.getEndTime(), "Asia/
     Tokyo", "HH:mm");
74         // 予定オブジェクトをつくる
75         const obj = {
76           title: title,
```

```
 77          start: startTime,
 78          end: endTime
 79        };
 80        // 予定のオブジェクトを配列 events に追加
 81        schedule.events.push(obj);
 82      }
 83      // 配列 shedules にオブジェクト schedule を追加
 84      schedules.push(schedule);
 85    }
 86    // 配列 schedules を返す
 87    return schedules;
 88  }
 89  // Chatwork にメッセージを送る
 90  function postChatwork(message){
 91    const params = {
 92      "headers" : {"X-ChatWorkToken" : CHARWORK_TOKEN },
 93      "method" : "POST",
 94      "payload" : {
 95        "body" : message,
 96        "self_unread" : "1"
 97      }
 98    };
 99    const url = `https://api.chatwork.com/v2/rooms/${CHATWORK_ROOM_ID}/
     messages`;
100    UrlFetchApp.fetch(url, params);
101  }
102  // Slack にメッセージを送る
103  function postSlack(message){
104    const params = {
105      "method" : "POST",
106      "contentType" : "application/json",
107      "payload" : JSON.stringify({ "text" : message })
108    };
109    const response = UrlFetchApp.fetch(SLACK_WEBHOOK_URL, params);
110  }
111  // 1日の振り返りミーティング議事録を作成する関数 ─────── 追加②ここから
112  function createDocument() {
113    const date = new Date(); // 現在日時を取得
114    const wday = date.getDay(); // 曜日を取得
115    if( wday == 0 || wday == 6 ) return; // 土日だったら終了
116    // テンプレートをコピー
```

今日から使える自動化サンプルスクリプト

```
117    const folder = DriveApp.getFolderById(PARENT_FOLDER_ID);
118    const template = DriveApp.getFileById(TEMPLATE);
119    const filename = Utilities.formatDate(date , 'Asia/Tokyo' ,
       'yyyyMMdd') + "_議事録";
120    const newFile = template.makeCopy(filename, folder);
121    const doc1 = DocumentApp.openById(newFile.getId());
122    const body = doc1.getBody();
123    // 本日の予定を取得
124    const schedules = getSchedules( date );
125    // スケジュールの数だけ繰り返し
126    for( let schedule of schedules ){
127      // 箇条書きの親項目にスケジュール名（カレンダー名）を追加
128      const level0 = body.appendListItem( schedule.name );
129      // 子項目に予定と「今日の学び」を追加
130      let level1;
131      for( let event of schedule.events ){
132        level1 = body.appendListItem(event.title).setNestingLevel(1);
133      }
134      level1 = body.appendListItem("今日の学び: ").setNestingLevel(1);
135      // 各レベルの箇条書きのマークを指定する
136      level0.setGlyphType(DocumentApp.GlyphType.BULLET); // 黒丸
137      level1.setGlyphType(DocumentApp.GlyphType.HOLLOW_BULLET); // 白丸
138      body.appendHorizontalRule(); // 水平線
139    }
140    // 予約語をリプレース
141    body.replaceText("※日付※", Utilities.formatDate( date, 'Asia/
       Tokyo', 'yyyy/MM/dd'));
142    // ドキュメントを保存
143    doc1.saveAndClose();
144    // チャットにURLを投稿する
145    let message = "■振り返りMTGの議事録を作成しました\n";
146    message += doc1.getUrl();
147    // メッセージを送信
148    postChatwork(message);
149    // postSlack(message);
150  } ─────────────────────────────────── 追加②ここまで
```

● 初期設定

コードを入力できたら上部にある初期設定のエリアを修正します。

Chatwork または Slack の設定

Chatwork の場合、Chatwork トークンと投稿するルーム ID を入力してください。

Slack の場合、投稿するスレッドの WebhookURL を入力してください。

それぞれの取得方法がわからない場合は、前章をご確認ください。

カレンダーIDの配列（8〜13行目）

カレンダー ID を入力してください。カンマ（,）で区切れば何個でも登録できます。取得方法がわからない場合は前節の事前準備をご参照ください。

フォルダIDとドキュメントID（15〜18行目）

事前準備で作成したフォルダとドキュメントの ID をそれぞれ入力してください。

```
// テンプレートドキュメントのID
const TEMPLATE = '1xxxxxxxxxxxxxxxxxxxxxxxxxxxxxxxxx';
// 議事録を格納するフォルダのID
const PARENT_FOLDER_ID = '1xxxxxxxxxxxxxxxxxxxxxxxxxxxxxx';
```

送信するチャットを選択（147〜149行目）

今回のコードも Chatwork と Slack 両方に対応しています。147〜149行目で使用する関数を選べます。こちらはお使いのチャットサービスの関数を実行するように設定してください。使わない方はコメントアウトしてください。

【Chatwork に送信する場合】

```
147        // メッセージを送信
148        postChatwork(message);
149        // postSlack(message);
```

実行する

初期設定が終わったらフロッピーのマークの保存ボタンを押して保存しましょう。

「関数を選択」プルダウンから「createDocument」を選択して三角マークの実行ボタンまたは虫マークのデバッグボタンをクリックします。

これでスクリプトが実行されます。

通知先を Chatwork にして実行した結果が画面4になります。

今日から使える自動化サンプルスクリプト

▼**画面4　実行結果**

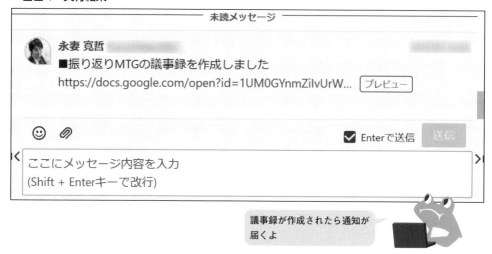

議事録が作成されたら通知が届くよ

メッセージのリンクを開くと、作成された議事録が表示されます（画面5）。

▼**画面5　作成された議事録**

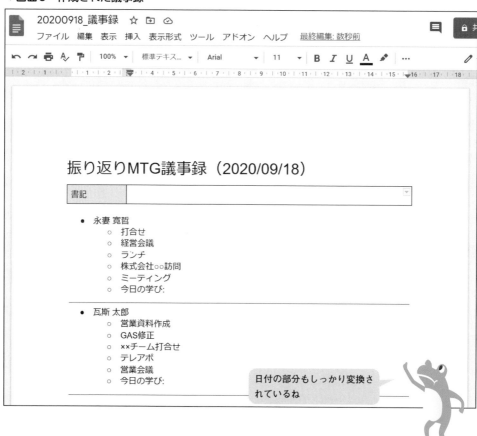

日付の部分もしっかり変換されているね

議事録はIDで指定したフォルダに作成されています（画面6）。

▼**画面6　指定したフォルダに議事録が作成される**

指定したフォルダ内に作成さ
れているね

トリガーの設定

　無事にテスト実行ができたら毎日決まった時間帯に自動で実行されるようにトリガーを設定しましょう。時計のマークの「現在のプロジェクトのトリガー」ボタンをクリックします（画面7）。

▼**画面7　時計マークのトリガーボタンをクリック**

自動で議事録が作られるよう
にトリガーを設定しよう

　トリガーの設定画面が表示されたら、右下の［トリガーを追加］ボタンをクリックします（画面8）。

今日から使える自動化サンプルスクリプト

▼**画面8　トリガーの設定画面右下の［トリガーを追加］ボタンをクリック**

画面9のようにトリガーを追加する画面が表示されますので、次のように選択して右下の［保存］ボタンをクリックします。

実行する関数　…　createDocument
イベントのソース　…　時間主導型
時間ベースのトリガー　…　日付ベースのタイマー
時刻を選択　…　午後4時〜5時

▼**画面9　トリガーの設定画面**

毎日17時からミーティングなら16〜17時の間に作成されていれば間に合うね

前節で作成した関数postScheduleのトリガーの下に、今回作成した関数createDocumentのトリガーが追加されました（画面10）。

これで毎日16時〜17時の間に当日の議事録が自動作成されます。

▼**画面10　トリガーが保存された**

議事録作成のトリガーを
追加できたね

スクリプトの解説

最後にスクリプトの解説をします。110行目までは、追加した初期設定部分を除き前節とまったく同じなので、ここでは追加した関数createDocumentについて簡単に解説します。

土日は議事録を作成しない（113〜115行目）

最初に変数dateに新しいDateオブジェクトを生成し、今日の日付を取得します（113行目）。

続いてgetDay()で曜日を取得します（114行目）。このとき、変数wdayには曜日を表す数字が入ります。この数字は0が日曜日、1が月曜日、…6が土曜日をあらわします。

土日はお休みで議事録を作成する必要がないので、変数wdayの値が0（日曜）か6（土曜）だった場合は、returnで実行を終了しています。

```
113    const date = new Date(); // 現在日時を取得
114    const wday = date.getDay(); // 曜日を取得
115    if( wday == 0 || wday == 6 ) return; // 土日だったら終了
```

議事録のドキュメントを作成（116～120行目）

117行目では、「DriveApp.getFolderById(フォルダID)」で、IDから指定のフォルダを取得しています。

118行目では、「DriveApp.getFileById(ファイルID)」で、IDからテンプレートファイルを取得しています。

119行目では、新しく作成するファイル名を変数filenameに代入し、120行目では、「テンプレートファイル.makeCopy(ファイル名, フォルダ);」で指定したフォルダにテンプレートファイルのコピーを作成しています。

```
116    // テンプレートをコピー
117    const folder = DriveApp.getFolderById(PARENT_FOLDER_ID);
118    const template = DriveApp.getFileById(TEMPLATE);
119    const filename = Utilities.formatDate(date , 'Asia/Tokyo' ,
    'yyyyMMdd') + "_議事録";
120    const newFile = template.makeCopy(filename, folder);
```

作成したファイルを編集するためにドキュメントとして開く（121～122行目）

テンプレートをコピーして作成したファイルは、ドキュメントとして扱えるようにします。121行目の「DocumentApp.openById(ファイルID)」でファイルをドキュメントとして取得します。

さらに122行目で「getBody()」でドキュメントの本文を取得し、変数bodyに代入しています。この変数bodyにドキュメントのパーツを追加して議事録を作成していきます。

```
121    const doc1 = DocumentApp.openById(newFile.getId());
122    const body = doc1.getBody();
```

本日の予定を取得（123～124行目）

前節の予定を通知するスクリプトと同様に関数getSchedulesを使用して、指定した日付のスケジュールを取得しています。今回、あえて新規のファイルを作成せず、同じスクリプトに追加したのは、この関数を再利用するためです。

```
123    // 本日の予定を取得
124    const schedules = getSchedules( date );
```

スケジュールをドキュメントに追加

取得したスケジュールは125～139行目の繰り返し文でドキュメントに箇条書きとして追加

されていきます。

「appendListItem(文字列)」は文字列を箇条書きとして本文に追加します。

「setNestingLevel(数値);」は、箇条書きのネスト（インデント）のレベルを数値で指定します。数値は0→1→2→…という順に、0から始まり数字が増えるほど階層が深くなっていきます。

135〜137行目では、箇条書きのマークをレベル毎に指定しています。

138行ではスケジュール毎の区切りとして水平線を挿入しています。

●ドキュメントを保存してメッセージを送信（142〜149行目）

項目追加の処理が終わったら、ドキュメントを保存します（143行目）。さらに、メッセージにドキュメントのURLを入れてメッセージを送信します（144〜149行目）。

```
142    // ドキュメントを保存
143    doc1.saveAndClose();
144    // チャットにURLを投稿する
145    var message = "■振り返りMTGの議事録を作成しました\n";
146    message += doc1.getUrl();
147    // メッセージを送信
148    postChatwork(message);
149    // postSlack(message);
```

今日から使える自動化サンプルスクリプト

第6章 スプレッドシートで問合せボットをつくる

本章では、ここまでの集大成として簡易的な問合せボットを作成します。送られたメッセージを解析して自動返信するボット機能をGASで実現しましょう。

問合せボットをつくろう

問合せボットで実現したいこと

第5章までさまざまなサンプルスクリプトを紹介してきました。本章では最後のサンプルスクリプトとして、問合せボットを作成します。

なぜこのスクリプトだけ章を変えたのかというと、他のスクリプトよりも少し難易度が上がるからです。第5章までのサンプルではGASからメッセージを送るだけでしたが、本章のサンプルでは他のアカウントからのメッセージを受け取る仕組みが必要になります。なので、設定などで躓いてしまう可能性が少し上がります。

とはいっても、初心者にできないということではありません。設定に気をつけながら進めていきましょう。

チャットで質問したら自動で回答を返信してくれるボットをつくります。ボットというとなんだか大変そうなイメージがあるかもしれませんが、スプレッドシートとGASだけで実現できてしまいます。

用途としては、外部の人からの応対というよりは、社内からの問い合わせ回答に向いています。

特に、社内の『生き字引き』的な存在の人。「あの人に聞いたらなんでも知っている」といわれている人に使ってほしいです。「○○のやり方を教えて」とか「○○ファイルの場所教えて」とか、質問に答えるばかりで自分の仕事が進まない、という人は、問合せボットをつくり、「今後はまずボットに質問してください！」と宣言して自分の生産性を上げましょう（画面1）。

なお、一度つくってしまえば設定は簡単です。スプレッドシートにキーワードと回答を設定し、ボットに質問すると回答します。キーワードと回答はリアルタイムで編集できますので、回答できる数を増やしたり、精度を上げたりチューニングも簡単です。

但し、質問する時は単語をスペース（半角でも全角でもOK）で区切って投稿するようにしてください。自然文（話し言葉）を解析する機能は実装していませんのでご了承ください。

もちろんこちらのスクリプトもChatworkとSlack両方に対応します。それぞれの設定方法も丁寧に説明していますので、ぜひご利用ください。

▼**画面1 問合せボットの動作イメージ**

こんな感じに動作する問合せ
ボットをつくろう

ChatworkとSlackで使えるよ

事前準備

ここからは、ChatworkとSlackで事前準備をする方法を説明します。それぞれお使いのツールの説明をお読みください。

Chatworkのボット用アカウントをつくる

こちらでは、Chatworkの事前準備の方法を説明します。Slackを利用する方はとばしてください。

Chatworkの場合、ボット用のアカウントが必要になりますので、普段使っていないメールアドレスなどを使用して新規でChatworkアカウントを取得しましょう。

新規Chatworkアカウントの作成方法は第4章のChatworkにメッセージを投稿するところで紹介していますので、そちらもご確認ください。

ここでは、アカウント名を「問合せボット」にしてChatworkアカウントを作成しました。作成できたらChatworkを開いて画面右上のユーザ名をクリックします。メニューが表示されますので「サービス連携」をクリックします（画面2）。

▼**画面2** 右上のメニューから「サービス連携」をクリックする

ボット用のアカウントにログインしてメニューか
らサービス連携をクリックしよう

　左側のメニューから「API Token」の画面を開いてパスワード入力欄にChatworkのパス
ワードを入力して［表示］ボタンをクリックしてください（画面3）。

▼**画面3** API Tokenの画面を開き、パスワードを入力して［表示］ボタンをクリック

Chatworkのログインパスワー
ドを入力しよう

ボットアカウントのAPI Tokenが表示されます。こちらは後ほどスクリプトの初期設定で使用しますのでコピーしておきましょう（画面4）。

▼**画面4　API Tokenが表示される**

APIトークンが発行されたね

ここで一度ボットアカウントからログアウトし、ご自分のアカウントでログインし直してください。

ログインしたら左上の［+］ボタンから「コンタクトを追加」をクリックします（画面5）。

▼**画面5　自分のアカウントでログインして「+」ボタンからコンタクト追加をクリック**

自分のアカウントからボット用アカウントをコンタクト追加しよう

スプレッドシートで問合せボットをつくる

6

先ほど作成したボット用アカウントを検索してコンタクトに追加します（画面6）。

▼**画面6　ボット用アカウントをコンタクトに追加する**

ここで再びご自分のアカウントをログアウトし、ボット用アカウントでログインし直してください。

ログインすると右上のコンタクト管理のアイコンに通知マークがついていますのでクリックします（画面7）。

▼**画面7　ボット用アカウントでログインし、コンタクト管理のアイコンをクリック**

コンタクトのアイコンに通知マークがついているね

コンタクト管理画面で［承認する］をクリックしてコンタクトに追加します（画面8）。

▼**画面8 ［承認する］をクリック**

承認するとお互いにコンタクト追加されてチャットルームに追加できるようになるよ

チャットワークのメイン画面に戻り、左上の［+］ボタンで「グループチャットを新規作成」をクリックします（画面9）。

▼**画面9 「グループチャットを新規作成」をクリック**

今度はグループチャットを新規作成するよ

チャット名を入力し、メンバーにご自分のアカウントを入れて［作成する］ボタンをクリックします（画面10）。

▼**画面10　グループチャットを新規作成**

ボットアカウントが入ったグループチャットを作成しよう

グループチャットが作成されました（画面11）。

▼**画面11　グループチャットが作成された**

サンプルスクリプトでのテスト用に、自分とボットのChatworkユーザIDをそれぞれ確認しておきます。

　グループチャットで、メッセージ入力欄の上部にある「TO」をクリックして、ご自分のアカウントを選択します（画面12）。

▼**画面12　「TO」をクリックして自分のアカウントを選択する**

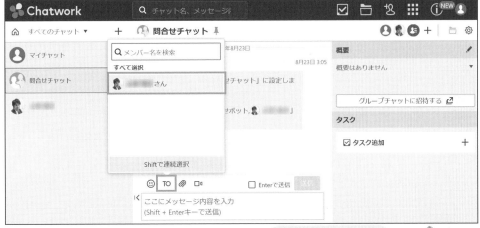

To を使ってユーザーID を
調べられるよ

　入力欄に「[To:5555555] ○○○○さん」という文字が入力されています（画面13）。
この[To:の後に続く数字がご自分のChatworkのユーザIDです。
こちらは後ほど使用しますのでメモしておきましょう。

▼**画面13　自分のユーザIDを確認する**

To:に続く数字がチャット
ワークのユーザIDだよ

　次に、ご自分のアカウントでログインし直して、同じように今度はボット用アカウントのユーザIDも確認しておきましょう（画面14）。

▼**画面14 ボットのユーザIDを確認する**

ボット用アカウントのIDも
メモしておこう

入力欄に「[To:7777777] 問合せボットさん」という文字が入力されていますね。
この[To:の後に続く数字がボットアカウントのChatworkユーザIDです。
こちらも後ほど使用しますのでメモしておきましょう

これでChatworkの事前準備は完了です。

●**Slackでボットアプリをつくる**

ここではSlackの事前準備について説明します。Chatworkを利用する方はとばしてください。
まずはSlackを開きます。左側のメニューからAppをクリックするとAppのページが表示
されます。さらに右上にある「Appディレクトリ」をクリックします（画面15）。

▼**画面15 Appの画面右上「Appディレクトリ」をクリックする**

問い合わせボット用にアプ
リをつくっていくよ

スプレッドシートで問合せボットをつくる

Appディレクトリのページが表示されますので、右上のビルドをクリックします（画面16）。

▼**画面16** Appディレクトリのページで右上のビルドをクリック

Slack APIのページが表示されます。右上のYour Appsをクリックします（画面17）。

▼**画面17** Slack APIのページで右上のYour Appsをクリック

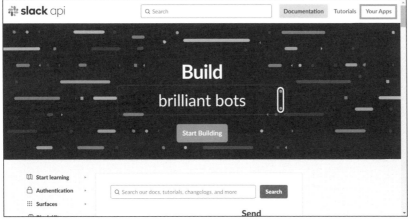

もしくは画面中央の「Start Building」
をクリックしてもいいよ

　Your Appsのページには、いままで作成されたアプリが一覧で表示されます。今回は新しいアプリをつくるので、右上の［CreateNew App］ボタンをクリックします（画面18）。

▼**画面18　Your Appsのページで右上の［CreateNew App］ボタンをクリック**

新しいアプリをつくろう

　「Create a Slack App」の画面が表示されますので、「App Name」に適当なアプリ名を入力して、［Create App］ボタンをクリックします。

　今回は「問合せボット」という名前にしました（画面19）。

▼**画面19　「App Name」にアプリ名を入力し［Create App］ボタンをクリック**

複数のワークスペースを利用している人はボットを
使用したいワークスペースを選択してね

　アプリが作成されたら、左側のメニューの中程、「Features」の文字の下にある「App Home」をクリックします（画面20）。

▼**画面20　左側のメニューから「App Home」をクリック**

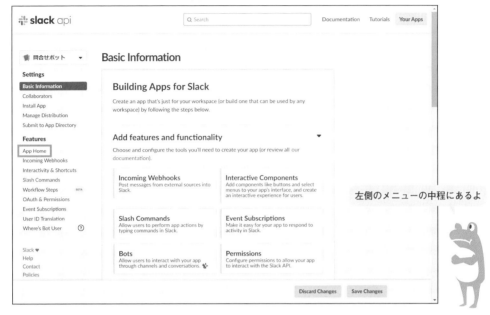

左側のメニューの中程にあるよ

　画面の真ん中あたりにApp Display Name の文字があり、その右側に［Edit］ボタンがありますのでクリックします（画面21）。

▼**画面21　App Display Nameの右にある「Edit」ボタンをクリック**

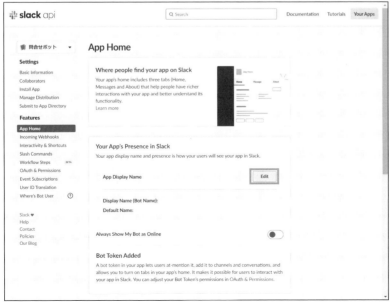

6

スプレッドシートで問合せボットをつくる

Edit App Display Nameの画面が表示されます。ここでボットの表示名を編集できます。

「Display Name (Bot Name)」欄に任意の名前を入力します。こちらは日本語も使えます。「Default username」欄にはボットの参照用の名前を21文字以下で入力します。小文字の英数字とハイフン（-）、ピリオド（.）、アンダースコア（_）が使えます。

入力したら右下の［Save］ボタンをクリックしてください（画面22）。

▼**画面22 ボット名とユーザ名を入力して保存する**

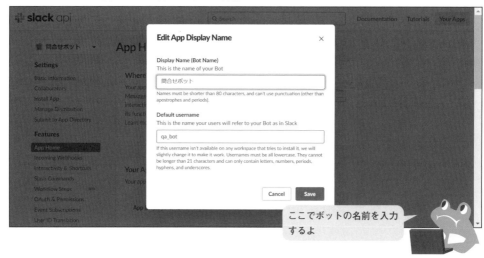

▼**画面23 ページ上部に「Bot user added!」と表示される**

ページ上部に「Bot user added!」と表示されたら成功です（画面23）。

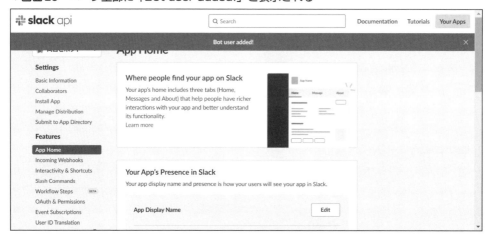

次に、ボットにメッセージ送信の権限とSlackのユーザ情報を取得する権限を付与します。

左側のメニューにある「OAuth & Permissions」をクリックして「OAuth & Permissions」の設定画面を開いてください。

ページの中ほどにある「Scopes」のブロックで「Bot Token Scopes」の下にある［Add an OAuth Scope］ボタンをクリックします（画面24）。

▼**画面24　Scopes > Bot Token Scopesの下の［Add an OAuth Scope］ボタンをクリック**

検索用の入力欄が表示されます。「chat:write」をクリックして追加します（画面25）。

▼**画面25　「chat:write」をクリックして追加する**

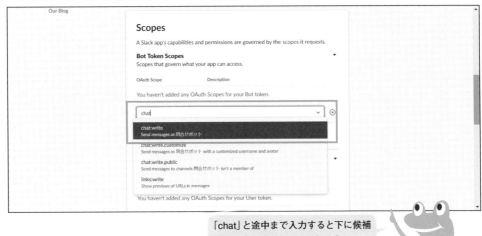

「chat」と途中まで入力すると下に候補が出てくるのでクリックしよう

スプレッドシートで問合せボットをつくる **6**

同様に、「users:read」も追加します（画面26）。

▼**画面26** 「chat:write」と「users:read」が追加された

Bot Token Scopes に権限を追加できたね

下にある User Token Scopes はそのままで大丈夫だよ

続いて、設定したアプリをSlackのワークスペースにインストールします。

ページ上部にある［Install App to Workspace］ボタンをクリックします（画面27）。

▼**画面27** ページ上部にあるInstall App to Workspaceボタンをクリックする

ワークスペースにアプリを
インストールするボタンだよ

権限の確認画面が表示されます（画面28）。［許可する］ボタンをクリックするとインストールされます。

▼**画面28　権限の確認画面が表示されるので許可するボタンをクリック**

ページ上部に「Success!」と表示されたらインストール成功です。

「Bot user OAuth Access Token」が表示されています。

こちらは後ほど使用しますのでコピーしておきましょう（画面29）。

▼**画面29　Bot user OAuth Access Tokenが表示されているのでコピーしておく**

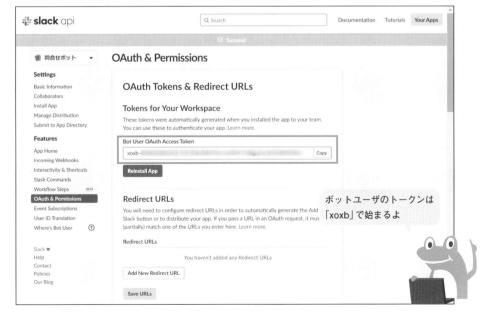

●**メンバーIDを取得する（Slack）**

　ここで再びSlackのメイン画面に戻って、自分のユーザIDを確認していきます。メンバーIDはSlackの画面上から確認できます。

　Slackの画面に表示されているユーザ名を右クリックするとメニューが表示されますので「プロフィールを表示する」をクリックします（画面30）。

▼**画面30　ユーザ名を右クリックし、「プロフィールを表示する」をクリック**

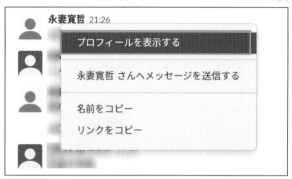

　画面右にユーザのプロフィールが表示されます。その他ボタンをクリックして、一番下にある「メンバーIDをコピー」をクリックするとコピーできます（画面31）。

▼**画面31　その他ボタンをクリックしメンバーIDをコピー**

　メンバーIDは後ほどテストで使用しますので、こちらもコピーしておきましょう。

● チャンネルIDを取得する

　続いて、ボットの動作テストに使用するためのチャンネルを用意します。新たにチャンネルを作成するか、既にあるチャンネルを使用してもかまいません。使用するチャンネルを開いた状態でURLを見ると、スラッシュに続いて「C」で始まるチャンネルIDが確認できます（画面32）。

▼**画面32　チャンネルを表示するとURLに「C」で始まるチャンネルIDが確認できる**

チャンネルIDは「C」から始まるんだね

　こちらのチャンネルIDも後ほどテストで使用しますのでコピーしておきましょう。

● チャンネルにボットを参加させる（Slack）

　テスト用のチャンネルの右上にある「チャンネル詳細を開く」アイコンをクリックします（画面33）。

▼**画面33　チャンネルの右上にあるアイコンをクリック**

チャンネルの右上にある「i」の
アイコンをクリックしよう

　チャンネルの詳細が表示されますので、右上にある「その他」をクリックします（画面34）。

▼**画面34　チャンネルの詳細で右上にあるその他をクリック**

「…」のマーク（その他）をクリック

メニューが表示されますので「アプリを追加する」をクリックします（画面35）。

▼**画面35 メニューから「アプリを追加する」をクリック**

ここからチャンネルにアプリ
を追加できるんだね

アプリを追加する画面が表示されますので、作成したアプリ名（ここでは問合せボット）
の右にある［追加］ボタンをクリックして追加します（画面36）。

▼**画面36 アプリ名の右にある［追加］ボタンをクリック**

作成したアプリを追加しよう

複数ある場合は検索もできるよ

チャンネルにアプリが追加されたことがメッセージで通知されます（画面37）。

▼**画面37　アプリが追加されたことがメッセージで通知される**

他のユーザにもアプリが追加
されたことが通知されるね

これで問合せボットがこのチャンネルに投稿できるようになりました。

続いてGASの設定に進みましょう。

GASを作成する

ChatworkまたはSlackの設定ができたらGASを作成していきましょう。

今回のスクリプトではスプレッドシートに回答文やキーワードを登録しますのでスプレッドシートに紐付くコンテナバインド型のGASを作成します。

スプレッドシートを作成する

まずGoogleドライブを開き、左上の［新規］ボタンからGoogleスプレッドシートで空白のスプレッドシートを新規作成します（画面38）。

▼**画面38　空白のスプレッドシートを新規作成する**

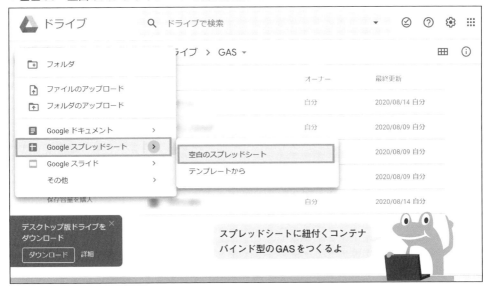

　スプレッドシートを開いたら、「ツール」メニューの「スクリプトエディタ」をクリックします（画面39）。

▼**画面39　「ツール」メニューの「スクリプトエディタ」をクリック**

空っぽのmyFunctionが入力されています（画面40）。

▼**画面40** 最初から入力されているmyFunctionはすべて消してスクリプトを入力する

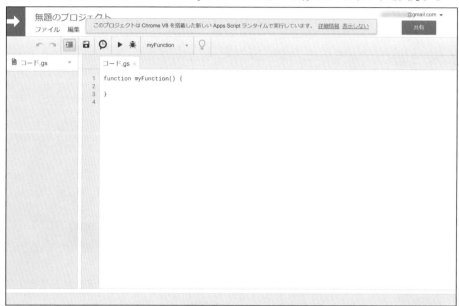

すべて消してスクリプト全文を貼り付けよう

今回は約300行あるのでちょっと長いよ

一旦すべて消し、次のスクリプトを入力していきましょう。

スクリプト全文を貼り付ける

それでは、スクリプト全文を入力していきましょう（リスト1）。

といっても自力で全部入力するのは大変ですので、秀和システムのサポートページからサンプルファイルをダウンロードして、コードをコピー&ペーストしてください。

今回は約300行の大作です。

リスト1 スクリプト全文

```
1 // ------ 初期設定 ここから --------------
2 // Chatwork トークン
3 const CHARWORK_TOKEN = "xxxxxxxxxxxxxxxxxxxxxxxxxxxxxxxxxxxxx";
4 // Slack Bot User OAuth Access Token
5 const SLACK_BOT_TOKEN = "xxxx-xxxxxxxx-xxxxxxxx-xxxxxxxxx-
  xxxxxxxxxx";
6 // 回答の信頼性基準（初期値:20 → 語句が20%以上一致していれば回答させる）
```

```
 7 const THRESHOLD = 20;
 8 // 設定用シート名
 9 const SHEET1_NAME = "シート1";
10 // ログ記録用シート名
11 const SHEET2_NAME = "シート2";
12 // ------ 初期設定 ここまで --------------
13 // ------ テスト用関数 ここから -----------
14 // Chatworkのテスト用関数
15 function testChatwork(){
16   const webhook = {
17     "webhook_event_time": 1577804400, // 2020/1/1
18     "webhook_event":{
19       "room_id": 99999999,      // テスト用ルームID
20       "from_account_id": 999999,// 質問者のアカウントID
21       "to_account_id": 555555, // ボットのアカウントID
22       "body": "こんにちは"
23     }
24   };
25   const json = JSON.stringify( webhook );
26   const obj = { postData:{ contents:json }};
27   doPost( obj );
28 }
29 // Slackのテスト用関数
30 function testSlack(){
31   const webhook = {
32     "event_time": 1577804400, // 2020/1/1
33     "event":{
34       "user": "UXXXXXX",      // 質問者のアカウントID
35       "channel": "CXXXXXX", // テスト用チャンネルID
36       "text": "こんにちは"
37     }
38   };
39   const json = JSON.stringify( webhook );
40   const obj = { postData:{ contents:json }};
41   doPost( obj );
42 }
43 // ------ テスト用関数 ここまで -----------
44 // スプレッドシートを開いたらメニューを追加する関数
45 function onOpen() {
46   SpreadsheetApp.getUi()
47     .createMenu('初期設定')
```

```
48          .addItem('初期設定を行う', 'setFieldName')
49          .addToUi();
50  }
51  // スプレッドシートの初期設定を行う関数
52  function setFieldName() {
53      // スプレッドシートを取得
54      const ss = SpreadsheetApp.getActiveSpreadsheet();
55      // 設定用シートを取得
56      const sheet = ss.getSheetByName(SHEET1_NAME);
57      // フィールド名の配列を設定
58      const fieldNames = new Array();
59      fieldNames.push("回答");
60      for( let i=1; i<=10; i++ ){
61          fieldNames.push("キーワード" + i );
62      }
63      // 1行目にフィールド名を入力
64      sheet.getRange( 1,1,1,fieldNames.length ).setValues( [fieldNames] );
65      // ログ記録用シートを取得
66      const logSheet = ss.getSheetByName(SHEET2_NAME);
67      // シートがなければ挿入
68      if(!logSheet){
69          ss.insertSheet(SHEET2_NAME);
70      }
71  }
72  // Webhookを処理する関数
73  function doPost(e) {
74      // 変数を定義
75      let userId, userName, body, eventTime, roomId, channel;
76      // 引数eに入っているWebhookの内容(JSON)をオブジェクトに変換
77      const obj = JSON.parse( e.postData.contents );
78      // objにプロパティwebhook_eventがあればChatwork、なければSlack
79      if( "webhook_event" in obj ){ // Chatworkの場合の処理
80          // 質問者のIDを取得
81          userId = obj.webhook_event.from_account_id;
82          // 質問者とメンション先が同じなら終了(無限ループ防止)
83          if( userId === obj.webhook_event.to_account_id ) return false;
84          // ユーザ名、投稿時刻、ルームID、メッセージ内容を取得
85          roomId = obj.webhook_event.room_id;
86          userName = getChatworkUserName( roomId, userId );
87          eventTime = new Date( obj.webhook_event_time * 1000 );
88          body = obj.webhook_event.body;
```

```
89      // ToAll、システム通知には反応しない（Chatwork）
90      if( body.search(/\[toall\]/) != -1 ) return false;
91      if( body.search(/\[dtext/) != -1 ) return false;
92      // メンションを削除
93      body = body.replace( /\[.*?\].*\n/g, "" );
94    } else { // Slackの場合の処理
95      // objにchallengeがあればchallengeを返す（リクエストURLの確認用）
96      if( "challenge" in obj ) return ContentService.createTextOutput(
   obj.challenge );
97      userId = obj.event.user;
98      const user = getSlackUser(userId);
99      // 投稿者がbotなら終了（無限ループ防止）
100     if( user.is_bot ) return false;
101     // ユーザ名、投稿時刻、ルームID、メッセージ内容を取得
102     userName = user.real_name;
103     eventTime = new Date( obj.event_time * 1000 );
104     channel = obj.event.channel;
105     body = obj.event.text;
106     body = body.replace(/<.+>\s?/, "");
107   }
108   // 全角英数字を半角にする
109   body = body.replace(/[Ａ-Ｚａ-ｚ０-９]/g, function(s) {
110     return String.fromCharCode( s.charCodeAt(0) - 0xFEE0 );
111   });
112   // 英字を大文字にする
113   body = body.toUpperCase();
114   // スペースでメッセージを分割して配列に格納
115   var entities = body.split(/\s+/);
116   // 設定シートを取得
117   const ss = SpreadsheetApp.getActiveSpreadsheet();
118   const sheet = ss.getSheetByName( SHEET1_NAME );
119   // 回答とキーワードを読み込む
120   const answers = readSheet( sheet );
121   // 設定がなかったら終了
122   if( !answers ) return false;
123   // 回答毎に繰り返し距離を算定
124   for( let i=0; i<answers.length; i++ ){
125     // 質問ワードで繰り返して距離を合計する
126     const totalCost = entities.reduce( function( total, entitie ) {
127       // 回答キーワードで繰り返して最短距離を取得
```

```
128        const minCost = answers[i].keywords.reduce( function( min,
   keyword ) {
129            // レーベンシュタイン距離を取得
130            let cost = getEditDistance( entitie, keyword );
131            // 長い方の文字数で割る（標準化）
132            cost = cost / Math.max( entitie.length, keyword.length );
133            // 距離の小さい方を返す
134            return Math.min( min, cost );
135        }, 1 );
136        // 回答キーワードの最短距離を足し上げ
137        return total + minCost;
138    }, 0 );
139    // 距離の合計を質問ワードで割って平均を出し、回答に格納する
140    answers[i].cost = totalCost / entities.length;
141  }
142  // 距離（コスト）の順に並び替え（昇順）
143  answers.sort(function(a,b){
144    if (a.cost < b.cost) return -1;
145    if (a.cost > b.cost) return 1;
146    return 0;
147  });
148  // 距離（コスト）が最小の回答の距離を類似度（0〜100）に変換
149  const reliability = ( 1 - answers[0].cost ) * 100;
150  // 回答文を定義
151  let message;
152  // 類似度がしきい値に満たない場合は該当なし
153  if( reliability >= THRESHOLD ){
154    message = answers[0].message;
155  } else {
156    message = entities + " に関する回答は見つかりませんでした(^^;)";
157  }
158  // メッセージ送信（変数roomIdが定義されていればChatwork、なければSlack）
159  if( roomId ){
160    postChatwork( roomId, message );
161  } else {
162    postSlackWithToken( channel, message );
163  }
164  // ログ記録用シートを取得
165  const logSheet = ss.getSheetByName( SHEET2_NAME );
166  if( logSheet && SHEET1_NAME !== SHEET2_NAME){
167    // フィールド名を定義
```

6

スプレッドシートで問合せボットをつくる

```
168      const fieldNames = [ '日時', "質問者ID", "質問者名", '質問', '信頼性
    ', '回答' ];
169      // ログを入れる二次元配列用に変数を定義
170      let logData;
171      // 最終行を取得
172      const lastRow = logSheet.getLastRow();
173      if( lastRow > 0 ){
174        // シートを読み込んでログを取得
175        const range = logSheet.getRange( 2, 1, lastRow, fieldNames.length );
176        logData = range.getValues();
177      } else {
178        // ログがなければ空の配列を作成
179        logData = new Array();
180      }
181      // 新しいログを先頭に追加
182      const logRecord = [ eventTime, userId, userName, body, reliability,
    message ];
183      logData.unshift( logRecord );
184      // ログ記録用のフィールド名を先頭に追加
185      logData.unshift( fieldNames );
186      // ログデータをシートに貼り付け
187      logSheet.getRange( 1,1, logData.length, fieldNames.length ).
    setValues( logData );
188    }
189    return true;
190 }
191 // シートを読み込んで2次元配列を返す関数
192 function readSheet(sheet) {
193    // シートを読み込み
194    const range = sheet.getRange( 2, 1, sheet.getLastRow(), sheet.
    getLastColumn() );
195    const rows = range.getValues();
196    if( !rows ) return false;
197    // create object
198    const array = [];
199    for( let row of rows ) {
200      // 1列目が空白ならループを抜ける
201      if(!row[0])  break;
202      // 1つめの要素を取り出して変数に格納
203      const message = row.shift();
```

```
204     // 配列を定義して残りのセルの値を格納
205     const keywords = new Array();
206     for( let cellValue of row ){
207       if( !cellValue ) break;
208       keywords.push( cellValue );
209     }
210     const obj = {
211       message: message,
212       keywords: keywords
213     }
214     // 配列に追加
215     array.push( obj );
216   }
217   return array;
218 }
219 // Chatworkに回答メッセージを送る
220 function postChatwork( roomId, message ){
221   const params = {
222     "headers" : { "X-ChatWorkToken" : CHARWORK_TOKEN },
223     "method" : "POST",
224     "payload" : {
225       "body" : message
226     }
227   };
228   const url = `https://api.chatwork.com/v2/rooms/${roomId}/messages`;
229   UrlFetchApp.fetch( url, params );
230 }
231 // Slackに回答メッセージを送る
232 function postSlackWithToken( channel, message ){
233   const query = {
234     "channel": channel,
235     "text": message
236   };
237   const params = {
238     "method" : "POST",
239     "contentType" : "application/json",
240     "headers": {
241       "Authorization": "Bearer " + SLACK_BOT_TOKEN
242     },
243     "payload" : JSON.stringify( query )
244   };
```

```
245   const url = "https://slack.com/api/chat.postMessage";
246   const response = UrlFetchApp.fetch( url, params );
247 }
248 // Chatworkのユーザ名を取得する関数
249 function getChatworkUserName( roomId, accountId ){
250   const params = {
251     headers : {"X-ChatWorkToken" : CHARWORK_TOKEN},
252     method : "get"
253   };
254   // ルームのメンバー一覧を取得する
255   const url = `https://api.chatwork.com/v2/rooms/${roomId}/members`;
256   const response = UrlFetchApp.fetch( url, params );
257   // JSONを配列に変換
258   const members = JSON.parse( response.getContentText() );
259   // 最初に一致した要素を返すfind()
260   const user = members.find( function( member ) {
261     // アカウントIDが一致した要素を返す
262     return member.account_id === accountId;
263   });
264   // ユーザ名を返す
265   return user.name;
266 }
267 // Slackのユーザ情報を取得する関数
268 function getSlackUser( userId ){
269   // ユーザ情報を取得
270   const url = `https://slack.com/api/users.info?token=${SLACK_BOT_
    TOKEN}&user=${userId}`;
271   const response = UrlFetchApp.fetch( url );
272   // JSONをオブジェクトに変換
273   const obj = JSON.parse( response.getContentText() );
274   return obj.user;
275 }
276 // レーベンシュタイン距離を取得する関数
277 function getEditDistance(a, b) {
278   if (a.length === 0) return b.length;
279   if (b.length === 0) return a.length;
280   var matrix = [];
281   // increment along the first column of each row
282   var i;
283   for (i = 0; i <= b.length; i++) {
284     matrix[i] = [i];
```

6

スプレッドシートで問合せボットをつくる

```
285   }
286   // increment each column in the first row
287   var j;
288   for (j = 0; j <= a.length; j++) {
289     matrix[0][j] = j;
290   }
291   // Fill in the rest of the matrix
292   for (i = 1; i <= b.length; i++) {
293     for (j = 1; j <= a.length; j++) {
294       if (b.charAt(i-1) == a.charAt(j-1)) {
295         matrix[i][j] = matrix[i-1][j-1];
296       } else {
297         matrix[i][j] = Math.min(matrix[i-1][j-1] + 1, // substitution
298           Math.min(matrix[i][j-1] + 1, // insertion
299           matrix[i-1][j] + 1)); // deletion
300       }
301     }
302   }
303   return matrix[b.length][a.length];
304 }
305 /*
306 Copyright (c) 2011 Andrei Mackenzie
307 Permission is hereby granted, free of charge, to any person obtaining
    a copy of this software and associated documentation files (the
    "Software"), to deal in the Software without restriction, including
    without limitation the rights to use, copy, modify, merge, publish,
    distribute, sublicense, and/or sell copies of the Software, and to
    permit persons to whom the Software is furnished to do so, subject to
    the following conditions:
308 The above copyright notice and this permission notice shall be
    included in all copies or substantial portions of the Software.
309 THE SOFTWARE IS PROVIDED "AS IS", WITHOUT WARRANTY OF ANY KIND,
    EXPRESS OR IMPLIED, INCLUDING BUT NOT LIMITED TO THE WARRANTIES OF
    MERCHANTABILITY, FITNESS FOR A PARTICULAR PURPOSE AND NONINFRINGEMENT.
    IN NO EVENT SHALL THE AUTHORS OR COPYRIGHT HOLDERS BE LIABLE FOR ANY
    CLAIM, DAMAGES OR OTHER LIABILITY, WHETHER IN AN ACTION OF CONTRACT,
    TORT OR OTHERWISE, ARISING FROM, OUT OF OR IN CONNECTION WITH THE
    SOFTWARE OR THE USE OR OTHER DEALINGS IN THE SOFTWARE.
310 */
```

6

スプレッドシートで問合せボットをつくる

初期設定をする

　スクリプトを貼り付けたら上部にある初期設定のエリアとテスト用関数のエリアを編集しましょう。事前準備で取得したトークンやIDを使います。

トークンを入力する

　Chatworkを利用する場合、CHARWORK_TOKENに事前準備で取得したボットアカウントのChatworkトークンを入力してください。

　Slackを利用する場合、SLACK_BOT_TOKENに事前準備で取得したBot User OAuth Access Tokenを入力してください。

　それぞれの取得方法は、事前準備でご説明していますのでご確認ください。

スプレッドシートのシート名（8〜11行目）

　GASで使用するためのシートの名前を指定します。特に理由がなければ「シート1」と「シート2」のままで大丈夫です。

テスト用関数（13〜43行目）

　今回のスクリプトでは、①チャットから質問メッセージを受け取る→②GASからチャットに回答を送るという2つの手順があります（図1）。

6

スプレッドシートで問合せボットをつくる

6

図1 設計図

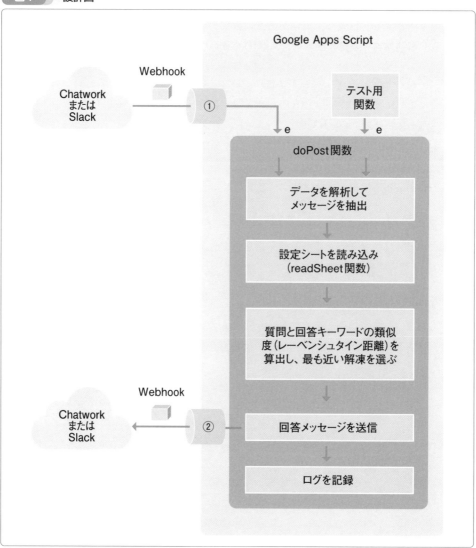

　2つの手順（①チャットから質問メッセージを受け取る→②GASからチャットに回答を送る）の両方をいっぺんにやろうとすると、エラーが発生したときに原因を探すのが困難なので、まずは②だけをテストできるようにテスト用の関数を用意しました。

　擬似的にチャットツールから質問メッセージを受け取った状態をつくり、チャットに回答を送ることができるかを確認できます。

　利用するチャットツールの事前準備で確認した各種IDを入力してテストができる状態にしましょう（画面41）。

【Chatworkの場合】

- room_id … テスト用のルームID
- from_account_id … 質問者のアカウントID
- to_account_id … ボットのアカウントID

【Slackの場合】

- user … 質問者のユーザID
- channel … テスト用のチャンネルID

▼**画面41 テスト用の関数にIDを設定する**

```
問合せボット                                                       @gmail.com ▼
ファイル 編集 表示 実行 公開 リソース ヘルプ

コード.gs                    コード.gs ×
13  // ------ テスト用関数 ここから ----------
14  // Chatworkのテスト用関数
15  function testChatwork(){
16    const webhook = {
17      "webhook_event_time": 1577804400, // 2020/1/1
18      "webhook_event":{
19        "room_id": 11111111,       // テスト用ルームID      Chatworkのテスト用の関数
20        "from_account_id": 5555555,// 質問者のアカウントID
21        "to_account_id": 7777777, // ボットのアカウントID
22        "body": "こんにちは"
23      }
24    };
25    const json = JSON.stringify( webhook );
26    const obj = { postData:{ contents:json }};
27    doPost(obj);
28  }
29  // Slackのテスト用関数
30  function testSlack(){
31    const webhook = {
32      "event_time": 1577804400, // 2020/1/1
33      "event":{
34        "user": "UXXXXXXX",      // 質問者のアカウントID      Slackのテスト用の関数
35        "channel": "CEXXXXXX", // テスト用チャンネルID
36        "text": "こんにちは"
37      }
38    };
39    const json = JSON.stringify( webhook );
40    const obj = { postData:{ contents:json }};
41    doPost(obj);
42  }
43  // ------ テスト用関数 ここまで ----------
```

利用するチャットツールのテスト
用関数の中にIDを入力してね

なお、日時を指定する項目（webhook_event_time、event_time）や質問メッセージ（body
やtext）はそのままでも問題ありません。

● スプレッドシートの初期設定

スクリプト側の初期設定が終わりましたらフロッピーの保存ボタンを押してプロジェクト
を保存しましょう。

プロジェクト名を入力していない場合はここで入力欄が表示されますので適当に名前を入
力してください（画面42）。

▼**画面42　プロジェクト名を設定する**

プロジェクト名を入れて保存しよう

　次に、スプレッドシートに戻ります。一度ブラウザでページを更新し、スプレッドシートを開き直してください。

　読み込んでから数秒待つと、メニューに「初期設定」のメニューが追加されます（画面43）。こちらはonOpen関数でメニューを追加するように指定したものです。「初期設定」メニューの「初期設定を行う」をクリックしてください。

▼**画面43　「初期設定」メニューの「初期設定を行う」をクリック**

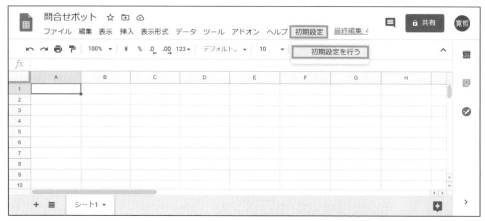

追加されたメニューを使って
初期設定をしよう

初回の実行時に許可を確認する画面が表示されます。[続行] ボタンをクリックします（画面44）。

▼画面44　承認が必要の画面が表示されたら [続行] をクリック

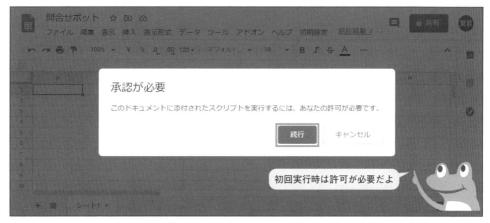

初回の実行時に許可を確認する画面が表示されます。[続行] ボタンをクリックします。

この後も「アカウントの選択」画面がでたらGoogleアカウントを選択します。

「このアプリは確認されていません」の画面では、左下の「詳細」をクリックし、下に表示される「<プロジェクト名>（安全ではないページ）に移動」をクリックします。

「<プロジェクト名>がGoogle アカウントへのアクセスをリクエストしています」の画面では右下の [許可] ボタンをクリックします。

許可をしたらスクリプトが実行されます。

スプレッドシートに何も入っていない状態でメニューの「初期設定を行う」を実行すると、シート1の1行目に左から、「回答」、「キーワード1」、「キーワード2」…「キーワード10」というフィールド名が自動で入力されます（画面45）。これが回答の設定に必要なフィールドになります。また、シート2が空白の状態で作成されます。

▼画面45　シート1の1行目にフィールド名が自動入力され、シート2が追加

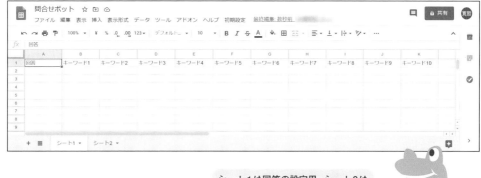

シート1は回答の設定用、シート2は
ログ記録用に使用するよ

6

スプレッドシートで問合せボットをつくる

　シート1を開いてA2セルに「こんにちは！」と入力し、B2セルに「こんにちは」と入力してみてください。これは、「こんにちは」というメッセージが届いたら「こんにちは！」というメッセージを返すための設定です（画面46）。

▼**画面46　A2セルに「こんにちは！」、B2セルに「こんにちは」と入力**

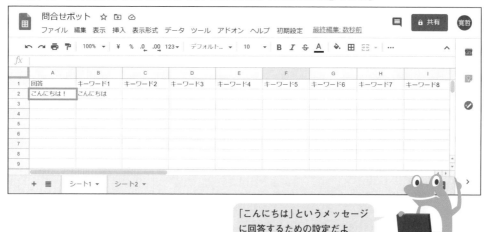

「こんにちは」というメッセージに回答するための設定だよ

　ここでGASの画面に戻り、テスト用関数を実行してみましょう。

テストしてみよう

　「関数を選択」プルダウンからチャットワークの場合は「testChatwork」、Slackの場合は「testSlack」を選択して三角マークの実行ボタンまたは虫マークのデバッグボタンをクリックします（画面47）。

▼**画面47　テスト実行する**

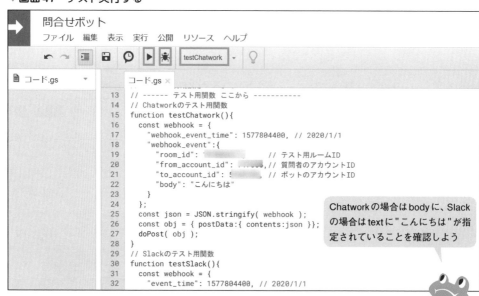

```
13  // ------ テスト用関数 ここから -----------
14  // Chatworkのテスト用関数
15  function testChatwork(){
16    const webhook = {
17      "webhook_event_time": 1577804400, // 2020/1/1
18      "webhook_event":{
19        "room_id": ■■■■■■■■■       // テスト用ルームID
20        "from_account_id": ■■■■■■,// 質問者のアカウントID
21        "to_account_id": ■■■■■■,  // ボットのアカウントID
22        "body": "こんにちは"
23      }
24    };
25    const json = JSON.stringify( webhook );
26    const obj = { postData:{ contents:json }};
27    doPost( obj );
28  }
29  // Slackのテスト用関数
30  function testSlack(){
31    const webhook = {
32      "event_time": 1577804400, // 2020/1/1
```

Chatworkの場合はbodyに、Slackの場合はtextに"こんにちは"が指定されていることを確認しよう

チャットが投稿されればテスト成功です（画面48、49）。

▼**画面48　実行結果（Chatworkの場合）**

利用するチャットツールに合わせて
テスト用の関数を選択しよう

▼**画面49　実行結果（Slackの場合）**

GASからメッセージを送信で
きることが確認できたね

6

スプレッドシートで問合せボットをつくる

　ここで再びスプレッドシートに戻ってみると、シート2にログが記録されています（画面50）。

▼**画面50 シート2にログが記録されている**

シート2にはログ記録用として、
質問と回答などを記録するよ

もしここまでで、うまく動作しない場合は次の点を確認してください。

☑トークンやIDに間違いがないか
☑ユーザまたはボットがルーム（チャンネル）に参加しているか
☑ボットにメンバー一覧を参照できる権限が付与されているか

6

スプレッドシートで問合せボットをつくる

6-2 チャットからのメッセージを 受け取れるようにしよう

● Webhookの設定〜GASをウェブアプリケーションとして導入

前節までで無事にGASからメッセージが送信できることを確認したら、次は、チャットからのメッセージをGASで受け取れるように設定していきましょう。

再びGASの画面を開きます。「公開」メニューから、「ウェブアプリケーションとして導入」をクリックします（画面1）。

▼**画面1** 「公開」メニューから、「ウェブアプリケーションとして導入」をクリック

> いよいよチャットからのメッセージをGAS
> で受け取る設定をしていくよ

画面2のような「Deploy as web app」（ウェブアプリケーションとして導入）画面が表示されますので、次のように選択して、[Deploy] ボタンをクリックします。

「Project version」（プロジェクトのバージョン）:「New」（新規）
「Execute the app as」（どのユーザで実行するか）:「Me(メールアドレス)」
「Who has access to the app」（誰がアプリケーションにアクセスできるか）:「Anyone, even anonymous」（全員（匿名ユーザーを含む））

▼**画面2** 「Deploy as web app」画面に選択して［Deploy］ボタンをクリック

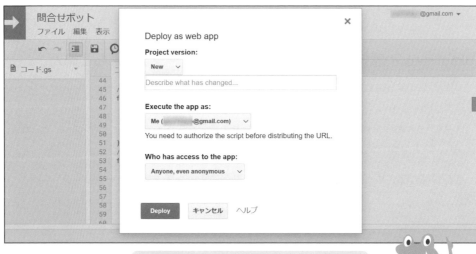

組織で使用している場合、アプリケーションにアクセスできる人を制限している（選択肢がない）ことがあるよ　その場合は管理者に確認してみよう

This project is now deployed as a web app.（このプロジェクトはウェブアプリケーションとして導入されています）というメッセージとともに、Current web app URL（ウェブアプリケーションのURL）が表示されますので、コピーしておきます（画面3）。

これはChatworkやSlackがGASに向けてメッセージの入ったデータを送るときの宛先となるURLです。

▼**画面3** 表示されたCurrent web app URLをコピーする

このURLにチャットツールからデータを送ることでGASが実行されるよ

スプレッドシートで問合せボットをつくる

次にチャットツール側で画面3のURLにWebhookを送るための設定を行います。再び ChatworkとSlackで手順が分かれますので、該当する方の手順を進めてください。

Chatworkのボットアカウントの設定（Chatworkを利用する場合）

Chatworkから問合せボットを利用する場合は、問合せボットのアカウントにログインします。

右上のアカウント名をクリックしてメニューを開き、「サービス連携」をクリックします（画面4）。

▼**画面4　右上のアカウント名からメニューを開き「サービス連携」をクリック**

Chatwork から GAS にメッセージ
を送る設定をするよ

左側のメニューからWebhookをクリックすると、「Webhook」の画面が表示されますので、右側にある［新規作成］ボタンをクリックします（画面5）。

▼**画面5　「Webhook」の画面で［新規作成］ボタンをクリック**

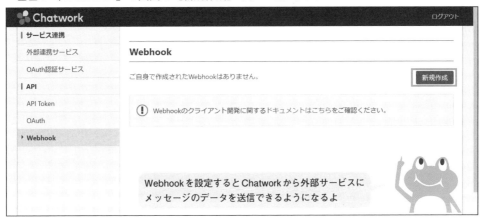

Webhook を設定すると Chatwork から外部サービスに
メッセージのデータを送信できるようになるよ

Webhookの新規作成画面が表示されます（画面6）。「Webhook名」欄には任意の名前を入力します。

「Webhook URL」は先ほどコピーしたGASのウェブアプリケーションのURLを入力し、「イベント」欄は「アカウントイベント」を選択します。

以上を入力した状態で［作成］ボタンをクリックします。

▼**画面6　Webhookの新規作成画面に入力してWebhookを作成する**

問合せボット宛のメッセージが届いたらGASにメッセージデータがとぶようになるよ

これでChatworkから問合せボットにメンションをすると、GASがメッセージを受け取る設定ができました（画面7）。ちなみに、「メンション」は「言及する」という意味の英単語です。Chatworkでは、To（宛先指定）やRe（返信）で宛名をつけてメッセージを送信することを「メンションする（メンションをつける）」といいます。

▼**画面7** Webhook が作成された

それでは、ボット以外のアカウントでChatworkにログインして、問合せボットにメンション（宛先を入れてメッセージを送ること）をしてみましょう。

入力欄の右上にある「TO」をクリックして「問合せボットさん」を選択するとメッセージの入力欄に「[To:XXXXXXX]問合せボットさん」と入力されます。続けて「こんにちは」と入力して送信します（画面8）。

▼**画面8** 問合せボットにメンションをつけてメッセージを送る

ちゃんと回答が返ってくるかな

数秒後、問合せボットから「こんにちは！」という先ほど設定した回答メッセージが自動投稿されたら成功です（画面9）。

▼**画面9　問合せボットから自動で回答メッセージが投稿される**

うまくいかない場合はGASのWebアプリケーションやChatworkのWebhookの設定、アカウントなどを確認してみよう

スクリプトが問題なく設定できていれば、ボットが参加しているグループチャットでメンションするか、問合せボットとのダイレクトチャット（メンション不要）で利用できます。

ダイレクトチャットでも確認してみてください。

Slackのボットアカウントの設定（Slackを利用する場合）

Slackから問合せボットを利用する場合は、Slackにログインした状態でhttps://api.slack.com/にアクセスします。右上の「Your Apps」をクリックしてください（画面10）。

▼**画面10　https://api.slack.com/にアクセスして右上の「Your Apps」をクリック**

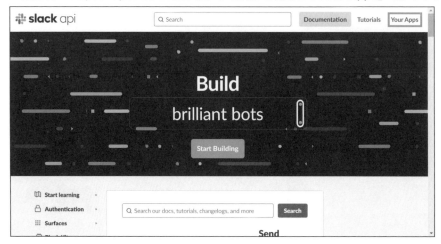

「Your Apps」の画面で作成済みのアプリが表示されますので、問合せボットをクリックします（画面11）。

▼**画面11　問合せボットをクリック**

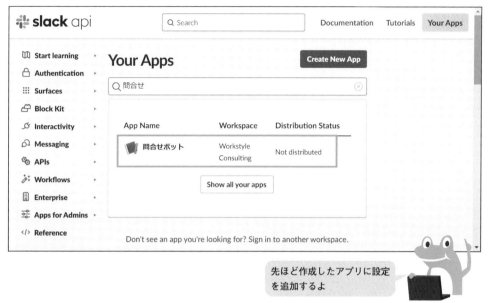

先ほど作成したアプリに設定を追加するよ

左側のメニューから「Event Subscriptions」をクリックして表示します（画面12）。
「Enable Events」の右側にあるトグルボタンを「Off」から「On」にすると、その下に入力欄が表示されます。

▼**画面12　「Event Subscriptions」の画面で「Enable Events」を「Off」から「On」にする**

Onにすると設定項目が表示されたね

6

スプレッドシートで問合せボットをつくる

「Request URL」欄に先ほど取得したGASのウェブアプリケーションのURLを入力します。

この時、Slack側でURLのチェックが自動で行われ、問題がなければ「Request URL」の文字の右側に「Verified」（確認済み）の文字が表示されます（画面13）。

▼**画面13** 「Request URL」欄にGASのウェブアプリケーションURLを入力

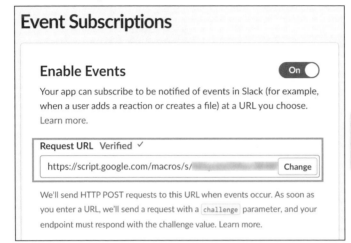

もし「Verified」が表示されない場合はURLが違っているかうまく公開されていない可能性があるね

さらにその下にある「Subscribe to bot events」（ボットイベントを受け取る）をクリックすると、GASのURLにリクエストを送る条件の設定欄が表示されます（画面14）。

[Add Bot User Event]ボタンをクリックして、「app_mention」と「message.im」を追加します。

「app_mention」は、ボット宛にメンションされたメッセージが送られたときに発動します。

「message.im」は、ボット宛にダイレクトメッセージが送られたときに発動します。

▼**画面14** 「Subscribe to bot events」に「app_mention」と「message.im」を追加

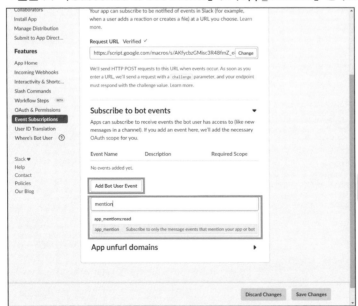

途中まで入力したら候補に表示されるのでクリックしよう

「app_mention」と「message.im」を追加できたら、右下の［Save Changes］ボタンをクリックします（画面15）。

▼画面15　追加できたら右下の［Save Changes］ボタンをクリック

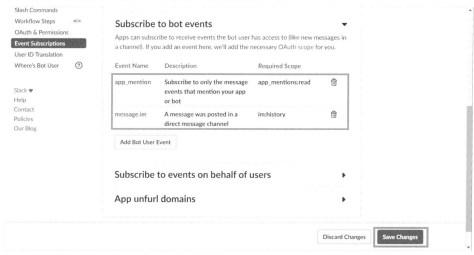

すると、保存には成功しますが、「Please reinstall your app」（アプリを再インストールしてください）というメッセージが表示されますので、「reinstall your app」のリンクをクリックします（画面16）。

ここで、もし、画面上部の黄色のメッセージを消してしまっても、左側のメニューから「Install App」をクリックすると、画面に［Reinstall App］ボタンが表示されますので、クリックして再インストール画面に進めます。

▼画面16　「reinstall your app」のリンクをクリック

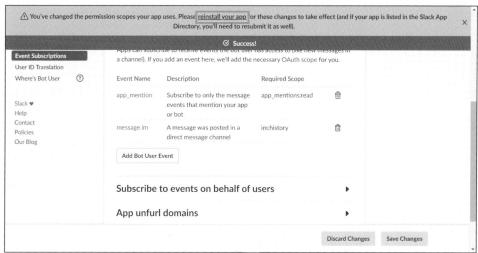

権限を変更した場合はアプリの再イ
ンストールも必要になるんだね

　問合せボットの権限を許可する画面が表示されますので、［許可する］ボタンをクリックします（画面17）。

▼画面17　権限を許可する画面で［許可する］ボタンをクリック

　画面上部に「Success」と表示されれば成功です。

　さっそくSlackから問合せボットにメンションしてメッセージを送ってみましょう。
　Slackを開き、ボットにメンション（宛先に入れてメッセージを送ること）をします。メッセージ入力欄で「@」を入力し、問合せボットを選択します。さらに「こんにちは」と入力して送信してください（画面18）。

▼**画面18　問合せボットにメンションしてメッセージを送る**

ボットにメッセージを送って
みよう

　数秒後、問合せボットから「こんにちは！」という先ほど設定した回答メッセージが自動
投稿されたら成功です（画面19）。

▼**画面19　問合せボットから自動で回答メッセージが投稿される**

　スクリプトが問題なく設定できていれば、ボットが参加しているチャンネルでメンション
するか、問合せボットとのダイレクトメッセージ（メンション不要）で利用できます。
　ダイレクトメッセージでも確認してみてください。

6

スプレッドシートで問合せボットをつくる

6-3 スプレッドシートで回答を設定する

● スプレッドシートでボットの回答を設定する

スプレッドシートを編集して、さまざまな質問に回答させることができます（画面1）。

他の方にも使ってもらい、ログ記録用のシートを確認しながら、回答できなかった質問の回答やキーワードを追加して、改良していくこともおすすめです。

設定用シートの更新はすぐにボットの回答に反映されます。

▼**画面1　スプレッドシートで回答とキーワードをリアルタイムで設定できる**

	A	B	C	D	E	F
1	回答	キーワード1	キーワード2	キーワード3	キーワード4	キーワード5
2	こんにちは！	こんにちは				
3	東京の天気 https://weather.yahoo.co.jp/weath	天気	東京			
4	千葉の天気 https://weather.yahoo.co.jp/weath	天気	千葉			
5	社印は金庫の上段にあります	社印	社判	角印		
6	経費申請はこちら https://wscd.cybozu.com/k/6/	経費	経費申請	交通費	申請	
7						
8						
9						

A列には回答文、B列以降には関連する
キーワードを10個まで登録できるよ

● カスタマイズのヒント（その1）

関係ない回答を返してしまうなど、回答の精度が良くない場合は、スクリプトの上部にある初期設定のTHRESHOLDの値を調整することができます。

ここでは0〜100の間で数値を指定します。0に近ければ、あまり語句が類似していなくても無理やり一番近そうな回答を返します。100に近いほど、類似度が高い回答しか回答しなくなります。

なお、シートはリアルタイムで反映されますが、スクリプト側を編集した場合は保存をしただけではボットの動作に反映されません。反映させるには、公開したウェブアプリケーションのバージョンを上げる必要があります。画面2のように、スクリプト保存後に「公開」メニューの「ウェブアプリケーションとして導入」を開き、「Project version」で「New」を選択してから［更新］ボタンをクリックします。

必ず新しいバージョン（New）として更新しないと反映されませんので注意してください。

▼画面2　新しいバージョン（New）でウェブアプリケーションを更新する

新しいバージョン（New）にして更新
しないと変更が反映されないんだ

スクリプトの解説

ここからはスクリプトを解説していきます。今回のスクリプトは長いので要点を絞って説明していきます。

テスト用関数（13〜43行目）

今回はGASの実行ボタンやトリガーではなく、外部からのきっかけ（Webhook）でGASが起動します。このようなスクリプトをつくる場合、いざ実行してみたらうまくいかないということがよくあります。外部との連携は不具合が発生しそうな場所が多岐にわたるため、まずはGASがちゃんと動いているかを確認する必要があります。

今回のスクリプトでは、ChatworkとSlackそれぞれのテスト用関数を準備しました。チャットツールから送信されるWebhookと同じ形式のテストデータを使ってテストを行えます。ChatworkとSlackのWebhookの違いなども参考にしていただけると思います。

doPost関数（72〜190行目）

GASをWebアプリケーションとして導入すると、外部からのWebhookをきっかけにGASを実行できるようになります。その際に実行されるのがdoPost関数です。

書式

```
function doPost(e){
  // 処理
}
```

引数eの中には外部から送られてきた情報（今回はチャットのメッセージや送信したユーザなど）がJSON形式で格納されているので、オブジェクトに変換して中身を取り出しています。ChatworkとSlackで中身は異なりますので、if文で場合分けをしてそれぞれの処理をしています（79〜107行目）。

なお、ChatworkもSlackも、メッセージ内にメンションの文字列が入っている場合は、メンションの部分が不要なので削除します。削除にはreplace()と正規表現を使用して、メンションに一致する文字列のパターンを見つけて削除しています（93行目、106行目）。

書式
```
文字列.replace(正規表現, "");
```

● SlackのリクエストURLチェックに対応する（96行目）

Slackの場合、Webhookを設定する際に、受け取る側（今回はGASのウェブアプリケーションURL）が本人の所有するURLかの確認が必要となります。

Slackのサーバから「challenge」という中身が入ったWebhookが送られてくるので、そのまま「challenge」を返せばSlack側で「Verified（確認済み）」となります。その仕様に対応しているのが96行目です。

この場合はここでreturn文を使うので処理が終了します。

● 質問ワードの処理（108〜115行目）

チャットからのメッセージを処理しているのが108行目からの処理です。

まず、全角英数字を半角にし（108〜111行目）、英字を大文字にしています（113行目）。

また、今回のサンプルでは、質問メッセージをスペースで区切って送ってもらう必要があります。変数bodyに入っているメッセージをスペース文字で区切ります。

split()メソッドは文字列を指定した区切り文字列で分割し、配列として格納します。ここでは配列entitiesに格納しています（115行目）。なお、「/\s+/」は「1個以上連続するスペース文字」を表す正規表現です。

書式
```
文字列.split(区切り文字)
```

● レーベンシュタイン距離を取得する関数（276〜304行目）

今回のスクリプトでは、設定シートにある回答とキーワードを取得し、質問ワードと回答キーワードの類似度を測ってもっとも近い回答を選びます。

類似度を測るために**レーベンシュタイン距離**というものを使っています。

　レーベンシュタイン距離は2つの文字列がどの程度異なっているかを示す距離です。具体的には、一方の文字列からもう一方の文字列に変形するために、1文字の挿入・削除・置換を何回行ったかを測ります。

　　挿入の例　…　たこ　→　たらこ
　　削除の例　…　いるか　→　いか
　　置換の例　…　なまこ　→　なめこ

　レーベンシュタイン距離を取得する関数は次のサイトから引用して使用しています。

●Levenshtein distance between two given strings implemented in JavaScript and usable as a Node.js module

> https://gist.github.com/andrei-m/982927

● レーベンシュタイン距離の標準化（132行目）

　レーベンシュタイン距離で「アイス」と「パンダ」の距離は3になります。また、「チョコレート」と「ミルクチョコレート」の距離も同じく3になります。同じ距離3でも、「チョコレート」と「ミルクチョコレート」の方が類似していると感じますよね。同じ距離でも文字数が長い方が相対的に類似度は高くなるといえます。これを反映させるのがレーベンシュタイン距離の「標準化」という処理です。

　具体的には、算出したレーベンシュタイン距離を長い方の文字列の文字数で割ります。これにより、「アイス」と「パンダ」の標準化後の距離は1、「チョコレート」と「ミルクチョコレート」の標準化後の距離は0.33…となり、「チョコレート」と「ミルクチョコレート」の方が類似していると判定できるようになります。

　スクリプトでは132行目で標準化の処理をしています。

● 回答抽出の仕組み（123～157行目）

　ちょっと複雑ですが以下に回答抽出の仕組みを書いていきます。おそらく1回読んだだけでは理解できませんので、気になったときに読み返してもらえれば良いと思います。

　回答毎に質問ワードと回答キーワードとのレーベンシュタイン距離を取得（130行目）し、標準化（132行目）して、質問ワードと回答キーワードが最短の距離のものを算出します。全質問ワードの最短距離の合計値を質問ワード数で割ることで回答毎に平均値を出し（140行目）、結果を並び替え（142～147行目）して、もっとも値の小さいものを回答として採用しています。

　計算結果は0～1までの少数で0に近いほど類似しているということになるのですが、少々わかりにくいので、1から計算結果を引いた残りに100をかけることで、0～100の数値になり、100に近いほど類似度が高くなるようにしています（148、149行目）。

　その上で、しきい値よりも類似度が高ければ回答を返し、しきい値よりも低ければ「回答

が見つかりませんでした」のメッセージを返します（152～157行目）。

● ユーザ名を取得する（Chatwork、Slack）

ログ記録用のシートに誰が質問したかを記録するために、今回のスクリプトではChatworkとSlackそれぞれ関数をつくってユーザIDを取得しています。

Slackはユーザ IDを利用してユーザ名を取得できます（268～275行目）。

Chatworkはアカウント IDを指定してユーザ名を取得することができないため、一旦ルームメンバー一覧を取得してから、アカウント IDが一致するアカウントを探してユーザ名を取得します（249～266行目）。

● カスタマイズのヒント（その2）

今回のサンプルスクリプトでは、質問を単語にして送信する必要がありますが、文章での質問を受け付け、AIで文章に含まれる単語を抽出し、回答を返すということもGASを使って実現可能です。

Google Cloud Platform（GCP）が提供するNatural Language API（自然言語API）のエンティティ分析を使うと、AIで文章の中から単語を抽出できます。GCPの設定がやや複雑になるので本書では掲載していません。

おわりに

　IT系のスタートアップ企業でITを使った業務の効率化・自動化を進めるうちに「より多くの企業の業務を効率化したい」と思い、コンサルタントとして独立しました。ありがたいことにさまざまな企業から依頼をいただいてIT化を進めてきましたが、企業ごとの状況や要望に応えるには時間と労力がかかります。段々と一人でできることの範囲に限界を感じ、もっと多くの人や企業に貢献するにはどうしたらよいかを模索しているタイミングで、今回の執筆の機会をいただくこととなり大変感謝しています。

　冒頭でも書いたように本書に掲載した9つのサンプルスクリプトは、これまでブログにも載せていないITコンサルタントとしてのノウハウがたくさん詰まった財産のようなものですが、今回は惜しみなく掲載することにしました。ドクターメイトという会社で介護業界にも関わっていますが、2025年には3人に1人が65歳以上となる日本において、1人ひとりの生産性を上げることはやはりとても重要です。1人の力では限界がありますが、本書をきっかけにより多くの人や企業でGASによる業務効率化・自動化が進み、少しでも日本のGDPに貢献できればと願っています。

　小学生の時、親に当時30万円もしたデスクトップPCを買ってもらい、付属していたソフトウェアを使ってホームページを作成しました。あわせて購入したHTMLの書籍に巻末のおまけとして載っていたのがJavaScriptでした。当時のJavaScriptはいまより機能も少なかったのですが、簡単なコードでWebページを動かせることに感動し、それからJavaScriptを使ったゲームをつくることにハマりました。その後、職業としてのプログラマーにはならなかったのですが、それでも様々な場面でその知識が役に立っています。

　一冊の書籍との出会いによってその後の人生が変わることがあります。業務効率化によって自由な時間が増えたり、本業に専念できて売上が上がったり、業務効率化のスペシャリストになったり。本書との出会いによって、少しでも読者の方の人生が良くなるきっかけとなれば幸いです。

　最後になりますが、執筆にあたってアドバイスをいただいた「詳解！Google Apps Script完全入門」著者の高橋宣成さん、共働きで子育て中ながらもなるべく執筆のための時間をつくってくれた家族、そして今回の機会をいただき、初めての執筆を支えていただいた編集部の皆さんに心から感謝します。

永妻　寛哲

索　引

■ 著者紹介

永妻　寛哲（ながつま　ひろのり）

　ワークスタイルコンサルティング合同会社代表、ドクターメイト株式会社COO、Studioそと　カメラマン、ながつま商店店長。

　千葉県出身。立教大学経済学部卒。

　小学生の時から独学でウェブサイトを運営し、JavaScriptのゲームを公開。インターネット黎明期に夏休みの宿題として提出し先生を困惑させる。新卒で入ったカード会社では、コールセンターの研修担当として、親と同世代のオペレーターさんに揉まれながら「知識ゼロでもわかる教え方」の修練を積む。アソビュー株式会社ではITスタートアップの業務構築を経験。多くのIT・クラウドサービスに触れる中、「ITやクラウドを広めて日本のGDPを上げたい」と思い、2017年に独立、起業。

　2018年介護施設向け医療相談を提供するドクターメイト株式会社にCOOとして参画。クラウドツールを組み合わせて、システム構築や業務自動化を進める一方で、自由な一人社長として「やりたいことはやってみる」を実践している。

　「Studioそと」では野外撮影専門カメラマンとして活動。(https://studio-soto.com)

　「ながつま商店」では職人手作りの革製品をAmazonで販売中。(https://nagatsuma-shoten.com)

　また、「コンサルママとノマドパパ」（ブログ・YouTube）を運営し、共働き夫婦が仕事や子育てを楽しくするモノ・コトを発信している。(https://life89.jp/)

カバーデザイン・イラスト　mammoth.

Google Apps Scriptの ツボとコツがゼッタイにわかる本

発行日	2020年 12月 2日	第1版第1刷

　著　者　永妻　寛哲

発行者　斉藤　和邦

発行所　株式会社　秀和システム

〒135-0016

東京都江東区東陽2-4-2　新宮ビル2F

Tel 03-6264-3105（販売）　Fax 03-6264-3094

印刷所　三松堂印刷株式会社　　　Printed in Japan

ISBN978-4-7980-6250-1 C3055